测控仪器设计

主　编　韩峻峰

副主编　王民慧　马兆敏

重庆大学出版社

内 容 提 要

本书是测控技术与仪器专业系列教材，从总体设计出发，以现代测控仪器的理念组织编写测控仪器设计的相关内容。

本书首先系统地论述测控仪器的设计思想和设计步骤，在此基础上给出测控仪器的设计原则，并简单介绍了仪器的可靠性设计；然后对仪器的精度设计的理论和方法进行介绍；之后分析了仪器的硬件设计和软件设计方法；最后结合前面章节介绍的理论和方法，给出了两个典型的测控仪器设计实例。

全书内容整合了现代测控仪器设计的相关资料和最新科研成果，具有应用性和实践性强的特点。适用于仪器仪表类专业师生和从事仪器仪表研究、设计、生产和开发的工程技术人员学习和参考。

图书在版编目(CIP)数据

测控仪器设计/韩峻峰主编.—重庆：重庆大学出版社，2009.7(2016.8 重印)
(测控技术与仪器本科系列教材)
ISBN 978-7-5624-4853-2

Ⅰ.测… Ⅱ.韩… Ⅲ.电子测量设备—高等学校—教材
Ⅳ.TM93

中国版本图书馆 CIP 数据核字(2009)第 118534 号

测控仪器设计

主 编 韩峻峰
副主编 王民慧 马兆敏
责任编辑：周 立 版式设计：周 立
责任校对：任卓惠 责任印制：赵 晟

重庆大学出版社出版发行
出版人：易树平
社址：重庆市沙坪坝区大学城西路 21 号
邮编：401331
电话：(023) 88617190 88617185(中小学)
传真：(023) 88617186 88617166
网址：http://www.cqup.com.cn
邮箱：fxk@cqup.com.cn (营销中心)
全国新华书店经销
重庆长虹印务有限公司印刷

*

开本：787mm×1092mm 1/16 印张：8 字数：200千
2009年7月第1版 2016年8月第3次印刷
印数：3 028—3 627
ISBN 978-7-5624-4853-2 定价：15.00元

前言

在信息时代的今天，测控技术已经成为现代生产、生活和科学研究中一项必不可少的基础技术。为了适应仪器仪表学科发展的需要，培养面向21世纪具有创造性的高级技术人才，使其掌握本学科基本理论、专业知识与基本技能，具备从事测控方法研究、测控仪器和装置初步设计、试验与研制开发，以及解决相关工程实际问题的能力，我们特尝试编写此书。

全书共分6章，分别为概论、测控仪器总体设计、仪器误差分析、测控仪器硬件电路设计、测控仪器软件设计和测控仪器设计实例。本书从总体设计角度出发，对测控仪器的总体设计、精度设计和测控电路软硬件设计等进行分析与论述；介绍测控仪器设计中基本、主要的内容和方法；并给出了能突出测控仪器设计的应用性和实践性的综合设计实例。全书内容选择具有代表性和典型性，强调基本知识介绍和基本技能培训，力求使读者学会如何从设计任务出发进行测控仪器的设计分析、计算综合及独立进行硬件和软件设计。

本书是高等学校测控技术及仪器专业的一门主修课程教材之一，是一门综合性实践性很强的专业课教材，可作为高等学校测控技术与仪器、自动化、电子信息工程、机电一体化等专业教材，也可作为相关专业参考书，供从事仪器仪表研究、设计、制造、使用和开发生产单位的工程技术人员参考。

本书由广西工学院韩峻峰教授担任主编。其中，第1章由韩峻峰编写，第2章由石玉秋编写，第3章由马兆敏编写，第4章由刘胜永编写，第5章由郭毅锋编写，第6章由王民慧编写。李胡国参加了文字校对工作。全书由韩峻峰统稿。

本书作为测控仪器设计方面的教材，是在总结、参考了大量国内外研究成果和教学经验的基础上，结合作者教学、科研体会和成果编写的。本书注重应用设计的观点，从工程角度考虑测控仪器设计的整体思路。在撰写过程中参考了较多的著作和相关教材，在此对文献作者以及在本书编写中作出贡献的人士表示衷心的感谢。由于编者水平有限，同时考虑到测控仪器的学科发展特征，本书可能出现疏漏或不妥之处，敬请广大专家学者和读者批评指正。

编　者

2009年2月

目录

第1章 概论

本章概述测控仪器概念及其地位与作用，介绍了测控仪器的基本构成、功能特点、发展现状和趋势，并简要介绍了学习本书的目的和要求。

1.1 概 述

1.1.1 测控仪器的概念

仪器是人们认识世界、改造世界的手段和工具，是用来对客观物质实体及其本质属性进行观察、监视、测量、记录、传输、转换、显示、分析、处理以及控制的各种器具、设备与系统的总称，是信息技术的源头。

测控是测量和控制的简称。测量是为确定被测对象的量值而进行的实验过程，也是通过实验（试验）对客观事物取得定量意义（或叫信息）的过程。在这个过程中常借助专门的设备，把被测对象直接或间接地与另一同类已知单位进行比较，用已知量作为计量单位，用数值和单位共同表示被测对象的量值；控制是根据科学实验或生产生活的需要，让被控对象按预定的要求运行的过程。测控仪器则是实现上述功能的具体系统或装置，从功能上说，测控仪器包括了测量仪器、控制仪器、计算仪器、分析仪器、显示仪器等。

目前，测控仪器广泛应用于石油、化工、冶金、电子、电力、机械、轻纺、航空、航天、航海、兵器以及天文、气象、地质勘探、医疗等领域，遍及国民经济和生产、生活各领域。在自动化生产程度较高的工业企业中，测控仪器已成为检测、计量、记录、计算和控制生产过程中不可缺少的基本设备。如机械制造和仪器制造工业中产品的静、动态性能测试；加工过程的控制与监测，故障的诊断等。在电力、化工、石油工业中，为保证生产过程能正常、高效运行，要对工艺参数，如压力、流量、温度、尺寸等进行检测和控制；在航空、航天产品中对质量要求更为严格，如对发动机进行转速、转矩、振动、噪声、动力特性等进行测量；在农业、医疗卫生、金融、环境保护等各个领域，测控仪器也得到日益广泛的应用与发展。

测控仪器的功能在于借助物理、化学或生物等方法，获取被检测对象的状态或者状态的变化信息，并通过信息的变换及其相关处理，使其成为人们易于理解，能够识别和便于表达的量化形式，进而可以显示、观测、存档或直接进入自动控制系统，实现系统的决策控制。可见，测控仪器能延伸、扩展、补充或代替人的感觉器官以及相关的决策功能，其主要研究内容包括了信息的获取、处理以及信息的利用等方面。

仪器新产品不断产生，其种类十分繁多。因此要对仪器进行细致的分类是相当复杂的，目前尚无统一的分类方法。从仪器在系统中所起的作用角度可将仪器分为测量仪器，计算仪器和控制仪器，把测量仪器与控制仪器及装置统称为测控仪器。

测量仪器：将被测量取出并与测量标准进行比较，准确地表示被测量的真实数值，其主要测量对象是各种物理量。

测量仪器可分为：

(1)几何量测量仪器　这类仪器包括各种尺寸检测仪器，如长度、角度、形貌、相互位置、位移、距离测量仪器等，如各种尺寸的量具、工具显微镜、测量仪以及表面粗糙度和工件几何形状测量仪器、光电光波比较仪等。

(2)热工量测量仪器　这类仪器包括温度、湿度、压力、流量测量仪器，如各种温度计、气压计、真空计、多波长测温仪器、水、气、油的流量计等。

(3)机械量测量仪器　如各种测力仪、硬度仪、压力计、加速度与速度测量仪、力矩测量仪、振动测量仪以及材料试验机等。

(4)时间频率测量仪器　如各种计时仪器与钟表、铯原子钟、铂原子时间频率基准器、时间频率测量仪等。

(5)电磁测量仪器　用于测量各种电量及磁量的仪器，如各种交、直流电流表、电压表、功率表、电阻测量仪、电容测量仪、静电仪、磁性材料测量仪和磁参量测试仪器等。

(6)无线电参数测量仪器　如示波器、信号发生器、相位测量仪、频率发生器、动态信号分析仪等。

(7)光学与声学参数测量仪器　如光度计、色度计、光谱辐射计、激光参数计量仪、光学传递函数测量仪等。

(8)电离辐射测量仪器　如各种放射性、核素计量，χ 射线、γ 射线及中子计量仪器等。

以上8大类测量仪器在基本技术上是融会贯通的，其研究、设计和使用存在许多共性的东西，这就是计量测试仪器的设计理论和测试理论。

测量仪器还经常和观察仪器（显微镜、夜视仪、工业电视……）、显示仪器（记录仪、打印机等）一起配套使用。

计算仪器是以信息数据处理和运算为主的仪器，如各种专用计算器、通用计算机等。

控制仪器与控制装量是针对控制对象按照生产要求设计制作的控制装置和自动调整与校正装置。在现代测控仪器中，测量与控制已经密不可分。如在纳米测量技术中，精密工作台的纳米级精密定位则必须采用带有检测装置的闭环控制系统，否则很难达到预定的高精度、高效率和高可靠性。

因此，测控仪器是利用测量与控制的理论，采用机、电、光各种测量原理及控制系统与计算机相结合的一种范围广泛的测量、控制系统。

1.1.2　测控仪器和系统的地位与作用

仪器是一个国家高科技发展水平的重要标志之一，是信息时代的源头技术，发展至今已经成为一门独立的学科,具有多学科交叉融合的特点。

测控仪器是仪器仪表学科的重要组成部分。它研究的对象是各种物理量的测量及其相关控制所应用的仪器。这些物理量主要包括长度、力学、热工、电磁、光学、无线电、时间、频率和电离辐射等。当前,测控仪器及其测控技术已经渗透到人类的科学研究、工程实践和日常生活的方方面面,对促进生产发展和社会进步发挥着重要作用。例如,生产过程中产品质量的控制和生产过程的自动化、节能等,这些都要测量生产过程中的有关参数并进行反馈控制,以保证生产过程中的这些参数随时处于最佳最优状态,确保生产质量和安全。

测量是揭示客观世界规律的手段,是人类认识客观世界最基本的方法。广义地说,任何(实验科学)的结论,都是对实验数据统计推断的结果,而数据的取得,只有靠测量来完成。人们通过测量可以建立对客观事物属性量度的认识,并可通过对测量结果数据进行必要的归纳和演绎,从中找到客观事物的演变规律,提出科学的理论。因此,有名言道:"测量是科学进步的阶梯","没有测量,就没有科学"。测量技术是人类科学技术和改造客观世界能力的重要标志之一。

在生产的进行过程中,人们可以利用测试技术来及时把握产品加工过程中和最终的质量以及表征生产过程品质的各种参数。如果再利用这些参数来实现对生产过程的调节和控制,以提高产品的质量和经济效益,降低能耗和实现自动化,这就由测试技术发展成了测控技术。

在人类社会已进入信息时代的今天,测控仪器作为获取、测量、传递、变换、处理、监视、显示以及控制信息的重要工具,无疑已经并越来越得到广泛的重视,它已成为现代科学和生产技术发展必不可少的基本设备。科学仪器是从事科学研究的物质手段,其研究进展代表着科技发展的前沿,是一个民族、一个国家创新能力的重要体现。在诺贝尔物理和化学奖中,大约有四分之一的获奖者是因为在测试方法和仪器创新中的贡献而获奖。钱学森院士指出"新技术革命的关键技术是信息技术。信息技术由测量技术、计算机技术、通信技术三部分组成。测量技术则是关键和基础"。

同时,测控仪器也是现代生产及改造传统工业,提高产品竞争能力的必备手段。因此在一定意义上讲,测控仪器技术和生产的发展标志着一个国家的技术与经济水平,测控仪器对国民经济发展有巨大的拉动作用。近几十年,世界上工业发达的国家十分重视仪器仪表的发展,早已很明智地优先发展仪器工业,其速度远远超过国民经济其他部门的发展。美国商务部国家标准局20世纪90年代评估仪器仪表工业对美国国民经济总产值的影响时发布的调查报告称,美国仪器仪表产业占社会总产值的4%,而它拉动的相关经济的产值达到社会总产值的66%,而且还明显有继续上升的趋势。仪器仪表行业对国民经济发展的巨大促进作用由此可见一斑。

1.2 测控仪器的基本构成

1.2.1 测控仪器的基本构成

一个典型的测控仪器主要由实验装置、测量部件、数据处理、分析和输出设备以及针对具体对象的控制设备等几部分构成。

实验装置是一种能使被测对象处于预期待测状态的专门设备,它的作用在于充分暴露被测对象的内在特性以便进行有效的测量。

测量部件由传感器、信号测量电路或测量仪器(部件)组成。传感器是测量系统中的第一个环节,用于从被测对象获取信息或能量,并将其转换为适合测量的变量或信号。被测对象在一定的激励下,它的各种物理性能的变化经传感器完成由非电量到电量的转换,由此可见,对于不同的被测物理量要采用不同的传感器,由此所依据的构成传感器作用原理的物理效应也是千差万别的。对于一个测量任务来说,第一步便是要能有效地从被测对象来取得能用于测量的信息,因此传感器在整个测量系统中的作用是十分重要的。

数据处理(也称为信号调理)部分是对从传感器所输出的信号做进一步的加工和处理,包括对信号的转换、放大、滤波、存储、重放和一些专门的信号处理及标定等,完成对被测信号的测量。这是因为从传感器输出的信号往往除了有用信号外还夹杂各种有害的干扰和噪声,因此在进行进一步处理之前必须先将干扰和噪声对有用信号的影响减小到能正常测量有用信号的范围内。另外,传感器的输出信号往往具有光、机、电等多种形式,而对信号的后续处理往往都采取电的方式和手段,因而有时必须对传感器的输出信号进行进一步的转换,转换为适合电路处理的电信号,其中也包括信号的放大。通过信号调理部分的处理,最终希望获得能便于传输、显示和记录以及可进行进一步后续处理的信号。

输出设备部分是将经信号调理部分处理过的信号用便于人们观察和分析的对象和手段进行记录或显示,测量结果或用指示仪表指示出来,或用记录仪记录,还可传送给数据处理器作进一步处理运算或求谱分析,使之变成后续设备所需要的输入信号。一方面被显示、打印、记录、存储、绘图,另一方面根据需要提供给控制仪器,作为控制的依据。

控制设备主要是根据数据处理单元按某种控制规律给出的控制信号对执行元件进行控制,从而使被控对象按照预定的指标或者规律运行,保证系统的正常工作和工业生产的正常进行。

以上功能都是通过传感器和不同的测量仪器、装置和控制设备来实现的,它们构成了一个测控仪器系统的核心部分。但是,被测(控)对象和观察者也是测控仪器系统的组成部分,它们同传感器、信号调理部分、控制器以及数据显示和记录部分一起构成了一个完整的测控系统。这是因为在用传感器从被测对象获取信号时,被测对象通过不同的连接或耦合方式也对传感器产生了影响和作用。同样地,观察者通过自身的行为和方式也直接或间接地影响着系统的传递特性。因此在评估一个测控系统的性能时也必须考虑这两个因素的影响。

随着生产实践和科学研究发展的需要,大量精度高、功能强、使用方便灵活、完全突破传统概念、全新一代的仪器不断涌现,已经得到了仪器界的广泛重视。这种仪器内部以微处理器为核心、具有信号采集、数据处理、显示记录、传输和测试过程自动控制等一系列功能,甚至还能辅助专家推断分析和进行决策,有自动补偿、自动校准、自动检测等较高的自动化水平和一定的分析判断能力,称之为智能仪器。本书重点针对这类仪器介绍测控仪器的设计。

1.2.2 测控仪器的功能特点

人类社会进入了信息时代,作为信息获取、测量、控制、监视与显示的测控仪器,无疑是一种极其重要的信息测量工具,是保证连续化生产设备安全、经济及自动化运行,为运行人员提供操作依据,为自动调节和控制过程参数乃至整个生产过程提供精确可靠信息的重要装备。

近20年来,世界上工业发达国家都十分重视仪器的发展,我国也已将信息产业作为优先发展的产业。因此,作为信息产业重要组成部分的测控仪器必将得到加速发展。近年来由于半导体技术和微型计算机的飞速发展,微计算机与测控仪器相结合,使测控仪器精度提高、功能扩展、可靠性增加,这是本门学科发展的一个显著特点,测控仪器的功能特点主要有以下几个方面:

(1)由于现代电子技术的应用,测控仪器能进行连续测量、记录和实时控制,并能根据测量的结果自行判断、运算与分析。反应速度快,不但适用于传统的静态测量,亦适应飞速发展的动态测量的要求。

(2)微处理器的引入使现代测控仪器的功能较传统仪器有了极大的提高。仪器利用微处理器的数据处理能力,可以将几个不同参数的测量结果综合起来,从而间接地获得需要知道的测量参数。许多原来用硬件电路难以解决或根本无法解决的问题,由于利用软件而得到较好的解决。

(3)有较强的数据处理能力,即运算和判断的能力。如求平均值、方差、百分误差和统计分析等,测控仪器可以通过数据处理进行自动校正、非线性补偿、数字滤波等处理来修正、克服由各种传感器、变换器、放大器等引进的误差和干扰,从而能大大提高仪器的精度和其他性能指标。

(4)具有很高的自动化水平和自动测量的能力。如自动选择量程,自动调节零点、测试点和触发电平,自动校准、自动故障诊断和自动扫描键盘等,实现了测量过程的自动化,提高了测量的精确度、灵敏度和仪器的可靠性。

(5)具有可程控操作能力和人-机对话的能力。现代测控仪器面板通常采用键盘操作和字符显示,通常都具备 GPIB 接口,配有 IEC-625 和 RS-232 等通用接口总线,能很方便地通过接口组成多功能自动测试系统,进行多点扫描检测。

(6)由于采用了微处理器,越来越多的硬件被软件所代替,重量、体积和功耗减小,结构简化,成本降低,仪器的可靠性和可维修性得以提高。

(7)具有存贮大量测量信息、标准量值和各种历史数据以及备用参数的功能。

(8)各种控制算法在测控仪器中得到广泛应用,仪器性能得到很好完善和提高。

1.3 测控仪器的发展状况与前景

1.3.1 测控仪器的发展状况

测控仪器发展至今,大体经历了4代:模拟仪器、分立元件仪器、数字化仪器、智能仪器和虚拟仪器。

第一代模拟指针式仪器是以电磁感应定律为基础的,起源于20世纪40年代,主要是针对某种测试目的而专门设计制造的专用仪器。

第二代分立元件仪器。当20世纪50年代出现电子管,60年代出现晶体管时便产生了以电子管或晶体管为基础的第二代测控仪器,即分立元件仪器,如指针式万用表,晶体管电压表和一些通用测试仪器,它们功能简单,精度低,响应速度慢。

第三代数字化仪器。20 世纪 70 年代集成电路出现,随之诞生了以集成电路芯片为基础的第三代测控仪器——数字化仪器,其基本结构离不开 A/D 转换器,这类仪器将模拟信号的测量转换为数字信号的测量,并以数字方式输出最终结果。这类仪器目前相当普及,如数字电压表、数字频率计等。它们精度高,速度快,读数清晰直观,易于和计算机结合,便于远距离传输。

第四代智能仪器。随着微电子技术的发展和微处理器的普及,20 世纪 80 年代出现了在数字化的基础上,以微处理器为核心的第四代测控仪器。这类仪器内置微处理器,既能进行自动测试、自动控制,又具有一定的数据存储、运算、逻辑判断能力,能根据被测参数的变化自动选择量程,自动校正,自动补偿,自动诊断等,具备了一定的智能,习惯称为智能仪器。

目前微电子技术和计算机技术飞速发展,在智能仪器领域,随着测控技术和计算机技术的融合出现了一种全新的仪器结构概念——虚拟仪器,使数据采集和工业控制自动化技术发生了重大变革。

通过对国内外测控仪器发展的历史和现状的分析,可以看出,现代测控仪器的发展特点和趋势有以下几个方面:

1)高精度、高可靠性

随着现代科技的迅猛发展和测控领域的不断扩大,对测控仪器的精度也提出了更高的要求。例如在微观方面,国际上已经提出了机械工程的纳米规划。而作为其检测手段的几何量测量仪器显然必须达到纳米级的精度才能满足测量要求,从而产生了如光学外差式干涉仪器、隧道显微镜、原子力显微镜、微纳米检测仪器等许多高精度仪器,尺度深入到纳米和微观领域。与此同时,对仪器的可靠性要求也日益增高,尤其是航空、航天用的测控仪器,其可靠性尤为重要。

2)通用化、标准化与高效率

产品生产的快节奏必然要求测控仪器具有高效率,因此非接触测量、在线检测、自适应控制、模糊控制、操作与控制的自动化、多点检测、机、光、电一体化是必然的趋势。仪器产品结构正在加速电子化:转换技术广泛采用光电技术,分析处理及控制大量采用微机及微处理器,向机电一体化方向发展。

为便于获取及传输信息,实现系统更改与升级,现代测控仪器的通用化、标准化设计也是一个十分重要的发展趋势。通过采用通用化、标准化设计,现代测控仪器将更易于实现大范围联网使用,将众多的测控仪器连接成大型智能测控系统(网络),提高测控仪器(系统)的效率。

3)应用新原理、新技术

随着科学技术的发展,一方面需要测量的极端参数(如超高电压、超高温、超低温、超大尺寸、原子空间等)不断增加,另一方面需要测量的信息种类不断延伸,被测量从数值型转向用自然语言描述的符号测量(如颜色、气味等)的需求也在增加。生命科学等复杂体系研究的瓶颈是缺乏灵敏、有效和快速的现场或实时的研究手段,解决这一问题的突破口在于发展新的检测原理和研究新的检测仪器。仿生仪器就是仿照生物的功能、特点来开发的未来的新型仪器。例如研究狗鼻的结构来研究探索味觉测量仪,研究人体功能制成相应的医疗仪器等。近年来,新型信息处理技术,如数据融合技术、模糊信息处理技术和神经网络技术等在现代测控系统中得到了有效和广泛的应用,随着新原理的研究和新技术的发展,现代测控仪器也将得到突破性的发展。

4)**多维化、多功能化**

随着测量空间维数的拓展,多维的测量仪器成为测控仪器发展的又一个方向。测控仪器的显示和控制系统的构成正在加速数字化并向三维形象化方向发展。三坐标测量机就是一个典型的例子。由于多维空间的多样性以及测量内容的多变性,很多新型的多维测量仪器,如原子空间的三维测量、军事侦察的空间搜索测量与空间扫描对准等方面的多维测量仪器都有待人们进行更深入地系统研究。在许多场合,希望通过测量反映被测量全貌,除三维测量外还需要进行多参数的同时测量,如同时测出某点温度、湿度和应变,甚至温度、湿度和应变的三维空间分布等。仪器整机所具备的能力正实现多参数测量和多功能化,智能仪器的测量过程、软件控制及数据处理功能使一机多用或仪器的多功能化易于实现,并且成为这类仪器的又一特点。这种多参数融合、多功能集成的测量仪器也是测控仪器发展的重要方向。

5)**高智能化**

20世纪80年代以来,对仪器变革最有影响的技术之一是微电子技术,特别是微处理器。新一代测控仪器在信息拾取与转换、信息测量、判断和处理及控制方面大量采用微处理器和微计算机,它使产品功能延伸、精度提高、体积缩小、性能稳定,极大地增强了数据处理能力和在线检测、实时控制生产过程的能力。显示出操作向自动化方向发展,并且具有多种人工智能,从学习机向人工智能机发展。

智能仪器是计算机技术向测控仪器移植的产物,是含有微计算机或微处理器的测控仪器,由于它拥有对数据的存储、运算、逻辑判断及自动化操作等功能,有着智能的作用(表现为人类智能的延伸或加强等),因而被称之为智能仪器。微机应用已成为测控仪器先进的一项重要标志,这一观点已逐渐被国内外学术界所接受。近年来,智能仪器已开始从较为成熟的数据处理向知识处理方向发展。它体现为模糊判断、容错技术、传感器融合、机件寿命预测、故障诊断等,使智能仪器的功能向更高的层次发展。

6)**网络化**

早期的智能仪器是把微处理器嵌入仪器内部,通过内部接口和总线将测试部件与计算机连接;此外、又通过GPIB接口总线将测试部件与外部计算机或其他的智能仪器相连接组成自动测试系统,对研究对象的整个测试过程包括数据采集、数据分析处理以及测试结果的显示输出乃至控制等都是在计算机统一控制下自动完成。

随着仪器的自动化智能化水平不断提高,多台仪器联网已经开始推广应用,虚拟仪器、三维多媒体等新技术开始实用化。网络技术的发展应用以及压缩技术的普及与发展,为测试技术带来了前所未有的发展空间和机遇。因此,将现代测控仪器与网络相连接,通过Internet,仪器用户之间可异地交换信息和浏览,厂商能直接与异地用户交流,及时完成如仪器故障诊断、指导用户维修或交换新仪器改进的数据、软件升级等工作。仪器操作过程更加简化,功能更换和扩张更加方便,不仅能实现对测控仪器的远程操作与控制,而且可以把测试结果通过网络显示,以实现测试系统资源和数据的共享。网络化测控仪器(网络仪器)是今后测试仪器发展的重要趋势。

1.3.2 虚拟仪器

1)**概念**

随着微电子技术、计算机软、硬件技术和网络技术的迅速发展及其在现代仪器中的广泛应用,新的测试领域和需求不断产生,新的测试理论、测试方法、测试技术以及仪器结构也不断涌现,这在许多方面已经并将继续改变传统仪器的概念。现代测控仪器的功能及作用也发生了质的变化。在这种背景下,美国国家仪器公司(NI)于20世纪80年代最早提出了虚拟仪器(visual instrumentation)的概念,通过控制程序将通用计算机与功能化硬件结合起来,使计算机不但能像传统测控仪器那样完成过程控制、数据运算和信息处理工作,而且可以用图形软件去代替传统仪器的部分硬件功能。用户可通过友好的界面来操作这台计算机,产生激励控制信号或实现所需要的各种测试功能,就如同在操作一台自己定义、自己设计的传统电子仪器一样。

所谓虚拟仪器,即以计算机为核心,充分利用计算机的软件和硬件资源,将各种仪器功能卡应用于微型计算机,使之成为计算机及仪器兼容的微型计算机仪器。这样,只要更换不同功能的仪器卡和测量控制软件,就可以在同一台电脑上实现不同的仪器功能,也称为"个人仪器"或者"PC仪器"。

在虚拟仪器中,许多复杂的仪器功能及仪器操作"面板"都是用软件实现的,从被测量的信号采集、分析、判断、显示、数据存储等,都由软件控制完成。显然虚拟仪器突破了传统测控仪器以硬件为主体的模式,强调用软件来开发仪器功能。使用虚拟面板操作具有测试软件的计算机进行测量时,用户可通过图形控制界面以鼠标操作方式来调控虚拟仪器,犹如操作一台虚拟的电子仪器,虚拟仪器也以此而得名。

一台以PC机为基础的仪器,不同功能的仪器仅体现于测量模块及其软件的不同,由于不同的软件可以作成不同功能的测量仪器,因而其控制面板已不可能像传统仪器那样仅采用一种固定的硬件模式,而只能用软面板去适应不同仪器的要求。软面板是仪器的控制及运算、处理结果的显示器。这样,仪器不再以传统的独立形态出现了,这种灵活多样的虚拟仪器技术可以使用户突破传统仪器由厂家制造而用户自己无法改变仪器既定功能的约束。用户可以根据自己的需要去设计或组合自己的专用仪器(或系统),以得到从传统仪器中无法比拟的效果,仪器效益得到极大的提高。一台计算机只要配备相应的测量模板或扩展机箱,就可立即成为存贮示波器、频谱分析仪、逻辑分析仪、数字多用表、通用计数器、函数发生器或GPIB仪器控制器等,因此虚拟仪器的开发是当代仪器技术的又一重大进步。

从内部特征看,测控仪器中较为复杂的微处理器及其固件均可共享计算机内部的软硬件资源,并借助计算机高效的数据分析、处理能力,实现测控仪器的全部功能。

与传统测控仪器一样,虚拟仪器同样划分为数据采集、数据分析处理、数据输出三大功能模块。数据采集模块主要由信号输入处理单元与模数转换单元组成,其主要作用是对输入模拟信号进行调理后,转换成数字信号,以便于计算机分析处理;数据分析处理模块主要由计算机中的微处理器为核心构成,用来完成测量数据的运算、分析与处理;数据输出模块主要由显示器等各种输出设备、数模转换器和信号驱动器等构成,其作用是将输出数据以数据、曲线、图形甚至多维测试结果模型来显示、打印、存储或再转换成模拟信号输出。虚拟仪器以透明方式把上述计算机资源和仪器硬件的测控能力组合,构成灵活方便,适应不同需要的虚拟仪器。

与传统测控仪器被设计成能独立的单机结构形式不同,虚拟仪器设计通常采用将仪器功能划分为一些通用模块的方法,通过在标准计算机平台上将具有一种或多种功能的若干个通用模块组建起来,就能构造几乎任意功能的仪器。

虚拟仪器是把具有测量功能的模块或仪器卡直接与个人计算机的系统总线联接而成的,

按照测控功能硬件的不同,可分为基于计算机插卡式DAQ、GPIB、VXI、PXI、串口、现场总线等六种标准体系结构。联接时既可以插在计算机内的接口槽上,也可插在计算机外部专用的仪器板卡架上或专用机箱内。虚拟仪器的各种测量功能由磁盘中的常驻测量程序来实现。

联网是虚拟仪器通信接口中重要的选件,经过它可以使本仪器与其他计算机系统或仪器相联,进行广泛的信息交换。所以,就总体而言未来测控仪器的硬件平台可能主要由开关阵列、数据采集系统、激励器、计算机及软面板所组成。随着硬件技术的发展,这几部分将日趋完善,将逐渐模块化、标准化,并在形式上趋于一致。同时所使用的软件却会日新月异,使仪器的功能更加多样化,水平更高,人机界面更加友好及完善。软件将逐渐成为仪器的灵魂,“软件就是仪器”的虚拟仪器的理念将逐渐为人们所接受。

为了节省仪器的开发时间及提高效率,不少公司为本公司的虚拟仪器提供了图形编程语言,如HP的VEE,NI的Labview/Labwindows以及基于Visual Basic的component works等。这些软件开发工具可以把复杂、烦琐、费时的编程简化为直观、易学的图形编程方式,并提供自动纠错及方便的调试功能。同时,专门针对一些通用仪器(如VXI仪器、GPIB仪器等)及其模块,预先开发出相应的图形驱动软件,并将它们组成虚拟仪器驱动程序库供用户在使用时直接调用。与传统的编程语言相比,使用它们可以大大缩短程序开发的时间。因此,虚拟仪器在结构、设计、使用等方面都可以尽量使用软件工具,为测控技术开辟了一个崭新的局面。

2)特点

基于上述情况,可以看出,虚拟仪器具有下列特点:

(1)增强和延伸了传统测控仪器的功能

在虚拟仪器中,计算机处于核心地位,计算机和测控系统紧密地结合成为一个有机整体。虚拟仪器将信号分析、显示、存储和打印交由计算机来处理,突破了传统测控仪器在数据处理、存储、分析和显示等方面的限制;虚拟仪器不仅具有良好的人机界面,而且具有生动的人机交互功能。操作人员可以随时获得相关的操作帮助,系统提示信息等,大大增强和延伸了传统测控仪器的功能。

(2)性价比高

只需将各种测量功能卡插入个人计算机机箱内或外接扩充箱中即可构成虚拟仪器。由于信号的传送和数据处理几乎都是靠数字信号或软件实现,大大降低了环境干扰和系统误差的影响,减少硬件环节,降低系统开发维护成本。同时,由于PC的应用已十分普遍,其价格不断下降,和具有GPIB接口总线组成的同等测试功能的智能仪器相比,虚拟仪器价格可降低1/3~1/10。

(3)使用灵活,应用范围广泛

在虚拟仪器中,标准的仪器功能写入操作软件中、用户根据清单进行选择、无需编制程序就能完成各种测试任务,操作十分方便。如可以用CRT显示测量结果及绘图,十分方便地利用PC已有的磁盘、打印机及绘图仪等获取硬拷贝。更重要的是PC的数据处理功能强,内存容量远大于内藏式微机,因而PC可以用于复杂的、高性能的信息处理。此外,还可以利用PC机本身已有的各种软件。当仪器需要升级或系统功能需要扩充时,不必购买新的仪器,只需增加或更换部分软件和硬件功能模块,大大扩展了虚拟仪器的应用范围。

(4)模块化设计,互换性强,制造方便

虚拟仪器硬件和软件都制定了开放的工业标准,可以灵活、方便、经济地组建各种虚拟仪器。仪器制造厂只要研制、生产各种测试插件卡，再配以通用的个人计算机即可构成一台个人仪器。硬件实现了模块化、系列化，提高了系统的可靠性。用户可根据需要，选用不同厂家的产品，使仪器开发更加灵活高效，缩短系统组建时间。从计算机的角度看，不同的测量仪器，其区别将只在于应用软件的不同。这就是人们常说的“以软(件)代硬(件)”的效果。

(5)易于实现网络化设计

基于计算机网络技术和接口技术，虚拟仪器具有方便、灵活的互联，广泛支持各种工业总线标准，可以方便地构建自动测试系统，实现测控过程的网络化。

总之，虚拟仪器是对传统仪器概念的重大突破，是测控仪器领域新的里程碑，其发展非常迅速，已经成为测控技术领域和仪器制造领域的热门话题，计算机软硬件技术、网络技术和通信技术的快速发展为虚拟仪器的发展奠定了良好的基础，也为其提供了巨大的市场需求空间。

1.4 本课程的目的与要求

发达国家的科学仪器的发展，已从自发状态转入到有意识、有目标的政府行为上来。美、日、欧等发达国家和地区早已制定各自的发展战略以加速原创性仪器的发明、发展、转化和产业化进程。

近年来我国科学仪器研究工作有了很大发展，在生物、医学、材料、航天、环保、国防等直接关系到人类生存和发展的诸多领域中取得了可喜成果，部分科研已达到或接近世界先进水平。在国家基金委和“985”，“973”，“863”计划支持下，在智能化、微型化、集成化、芯片化和系统工程化及微型元器件等方面都取得了可喜的进步，但是尚未形成批量生产。我国测控仪器生产与技术，不仅落后于工业发达国家，也远远满足不了国内的需要，大量高档的仪器和重大设备主要依赖进口。因此，为仪器行业输送具有坚实的理论基础，较强的独立工作能力，勇于探索、改革，富于创新的测控仪器专业人才，就成为一项重要的战略任务。

“测控仪器设计”是“测控技术及仪器”专业的一门主修课程，是一门综合性实践性很强的专业课。该课程力求从总体设计角度出发，对测控仪器的精度设计、总体设计、测控电路设计等进行总体分析与论述，介绍测控仪器设计基本的、主要的内容，对测控仪器的误差原理及分析、实用硬件电路、核心软件技术设计方法作了介绍，并给出了综合设计的实例，突出测控仪器设计的应用性和实践性。使读者学会如何从设计任务出发进行测控仪器的设计分析、计算综合，独立地进行硬件和软件设计，达到测控仪器的设计要求。本书的学习强调理论联系实际，学习的目的要求是:

①掌握与机、光、电、计算机技术相结合的测控仪器总体设计有关的基础理论知识。

②初步掌握如何从设计任务出发，进行仪器总体设计和系统设计的方法。

③初步具有正确的估算和分析仪器误差，进行仪器精度设计的能力。

第 2 章 测控仪器总体设计

测控仪器总体设计，是指在进行仪器具体设计以前，根据测控仪器的使用和应用要求，从仪器功能、技术指标、经济指标、测控系统及应用的环境和条件等全局角度出发，进行整体的设计和规划。在进行总体设计时，设计者应充分运用科学原理、依据设计原则，注重调查研究，重视科学实验，尽可能使仪器的技术先进、原理正确、实践可行、经济合理，具有竞争力。

2.1 设计指导思想和设计步骤

一般来说，最终评价测控仪器总体设计的性能是通过其所能达到的经济指标及技术指标来实现的。而在所有的指标中，精确性与可靠性指标是测控仪器设计的核心问题，在设计中必须予以重点考虑。在设计中，首先按照设计的测控仪器性能指标要求，根据设计的指导思想进行任务分析，然后按照设计步骤进行产品的研发。

2.1.1 测控仪器性能指标

测控仪器的性能是通过一些具体的技术指标来描述的，描述仪器性能的主要技术指标有仪器精度指标、可靠性指标、外形指标和其他指标。其中精度指标是最为常用并为人们所关注的，它主要包括：

1）灵敏度

灵敏度描述了测量系统对输入量变化反应的能力。通常由测控仪器的输出变化量 Δy 与引起变化的输入变化量 Δx 之比值来表征。

当被测量在仪器的线性范围条件下时，将会期望仪器灵敏度越高越好。因为灵敏度越高越能反映出由被测量引起的输出变化，有利于信号处理。但要注意的是，仪器灵敏度高时，掺杂在被测量中的无关噪声也会被放大系统放大，影响测量精度。因此，为尽量减少从外界引入的干扰信号，要求仪器本身应具有较高的信噪比。

2）频率响应特性

测控仪器的频率响应特性表示仪器的线性失真情况，即为仪器在允许频率范围内保持不失真的测量条件。它决定了仪器输入信号的频率范围，仪器的频率响应高，可测的信号频率范围就宽，而且测量范围将会受到结构特性的影响，特别是机械系统，它的惯性较大，影响也更大。在设计测量动态信号的测控仪器时，还应考虑信号的特点（稳态、瞬态、随机等），以免产生过大的误差。

3）**线性范围**

仪器的线性范围指的是仪器输出信号与输入信号成正比时输入信号的取值范围。从理论上讲，在这个范围内灵敏度应保持为常值。但实际上，任何仪器都不能保证绝对的线性，其线性度也是相对的，此时可在一定的范围内将非线性误差较小的取值范围近似看作线性。仪器的线性范围越宽，则其量程越大，并且能保证一定的测量精度。

4）**重复性**

重复性是指测控仪器在相同测量条件下，对同一被测量按照同一方向进行连续多次测量，所得特性曲线不一致的程度。它实质上反映了测控仪器示值的随机误差分量，所以可以用示值的分散性来定量表示。

5）**稳定性**

稳定性是指仪器使用一段时间后，其性能保持不变化的能力。稳定性一般可通过下列情况进行评价：①仪器开机预热进入稳定工作状态后，在零输入状态下，连续观测仪器的输出信号5分钟其自然跳变振荡值的变化情况，变化越小越好；②输出信号的抗电磁干扰能力；③输出信号随供电电压，环境温度等外界条件变化的情况；④长期稳定性和短期稳定性，长期稳定性描述的是一个较长时期（通常为年）前后，仪器对同一个标准量的测试，保持一致性能力的指标；年变化量越小越好。短期稳定性则通过在较短时间内测试标准量的稳定情况进行推断，它们常作为仪器稳定性的定量指标。对于测控仪器，在超过使用期后，应重新进行标定。在某些要求仪器能长期使用而又不能轻易更换或标定的场合，所设计的仪器稳定性要求更严格，要能够经受住长时间的考验。

6）**精度**

仪器精度涉及测控仪器的整个测量过程，它是仪器的一个重要性能指标。仪器的精度越高，其价格越昂贵。因此，仪器精度只要满足整个测量系统的精度要求就可以，不必设计得过高，这样就可以在设计满足同一测量目的的诸多方案中选择比较便宜和简单的元器件。如果测量目的是定性分析，则设计精度重点应放在重复精度高上，绝对量值精度则可降低要求；如果是为了定量分析，必须获得精确的测量值，就需在精度等级上下工夫，设计出能满足要求的仪器。

2.1.2 设计指导思想

1）**精确性**

精确性是对每台测控仪器的精度要求。随着工业自动化程度的不断提高，生产过程对仪器精度提出了越来越高的要求，仪器精度的高低也就成为衡量仪器设计质量的关键所在。仪器精度问题贯穿于仪器设计、制造以及使用的全过程。在设计中，仪器精度取值要合理，不分对象地要求仪器精度愈高愈好实际是完全没有必要的。设计中应根据实际被测对象精度要求来确定仪器精度。仪器精度指标一般根据不同仪器、不同测量条件及不同测量环境，采用相应静态特性或动态特性精度指标。但在设计过程中，并非每个精度设计都能取得令人满意的结果，有些仪器由于精度要求过高，在现行仪器原理下无法满足要求，此时可以考虑增加误差补偿和精度调整环节，如果仍无法满足精度要求，则只能推翻原有总体设计方案重新考虑新的设计方案。所以精度设计应与总体结构设计同步进行。

2）**经济性**

设计仪器时，不应盲目追求复杂、高级的方案，如果能采用某种最简单的方案便能满足所提出的功能要求，则此方案便是最经济的设计方案。因为采用最简单的方案意味着零部件少，元件少，可靠性高，成本低。仪器生产大部分是小批量、多品种的，因而在组织设计与生产时，要灵活迅速地采用各种先进技术，争取最大经济效益。在考虑仪器经济性时，除了要考虑仪器的制造成本外，还要考虑仪器的使用成本（含使用期间的保养费、备件费、运转费、停工损失费、管理费、培养操作人员费等等），只有综合考虑完这些因素才能作出方案的正确决策。

3）**检测效率**

一般情况下，仪器的检测效率应与生产效率相适应，但实际生产中仪器的检测效率却往往要低于生产效率。所以在自动化生产线上，检测效率应适合生产线的节拍，仪器的操作方式要适合生产测量的需要。采用合理的自动化测量不仅可以缩短测量时间，提高生产效率，还可以提高测量精度，消除人为误差，避免重复劳动，降低生产费用。

4）**可靠性**

可靠性是指测控仪器在一定时间内和一定条件下，不出故障的执行其预设功能的概率。可靠性指标一般用完成规定功能的成功概率、平均故障间隔时间、产品故障率、有效性、平均保养间隔时间或平均寿命来表示。

可靠性理论广泛应用于工程技术的各个领域，其分支——可靠性分析和设计更是在先进的智能式测控仪器设计中得到重视和应用。在设计阶段运用可靠性分配理论，将可靠性指标从系统整机到部件级、元器件级逐级分配，从而使整机的可靠性得到保证。当某一部分的可靠性指标无法满足时，则可采用冗余设计方案来实现。

可靠性设计准则是设计人员在长期设计实践中积累起来的，它是提高测控仪器可靠性行之有效的经验和方法。归纳、总结形成具有普遍适用价值的设计原则，是设计人员进行测控仪器设计时应遵循的准则，可以避免重复发生过去已发生过的故障或设计缺陷。

5）**使用条件**

设计者必须根据测控仪器使用条件来设计仪器，特别是要考虑环境的影响。如在室外使用的仪器需要注意温度、湿度的大幅变化对仪器的影响；易燃易爆场合中的仪器仪表要求防爆、阻燃；强电设备启动时的干扰防范等在设计仪器时都应慎重考虑，以满足不同使用条件的要求。

6）**造型**

仪器的外观设计亦极为重要。人们在购买产品时，除了考虑功能及质量之外，优美的造型，新颖的外观，柔和的色泽，细致的做工也都影响着购买者的选择。设计者在设计仪器时，对于仪器的总体结构安装、部件间造型、细部美化都应认真考虑。

2.1.3　设计步骤

测控仪器的设计一般按以下步骤进行：

（1）确定设计任务：根据用户的要求，国内外市场需求，或国家发展需要确定设计任务。

（2）制定设计任务书：确定设计任务后，首先仔细分析研究设计任务需求，认真研究被测对象特点，被测参数定义，精度要求，测量范围，检测效率，使用条件，经济性等。设计任务分析是完成设计工作的首要条件，逐一分析后，才能制定详细的设计任务书。

(3)调查研究：在基本掌握设计任务情况后，应该对国内外同类产品的技术资料、用户需求和市场状况进行分析，掌握国内外同类产品研究现状和存在问题。

(4)总体方案设计：在明确设计任务和深入调查之后，就可进行总体方案的构思和设计。总体方案设计是非常重要的一步，是对测控仪器的全局性问题进行全面设想和规划。总体方案要求具有先进性、创新性、合理性和可行性。总体设计可以用现代的虚拟设计、仿真设计或者经典设计法等进行方案比对。在方案设计时首先要分析仪器需实现的功能，确定原理方案，对仪器所包含的机、光、电各部分进行数学建模，然后确定系统的主要参数，进行精度设计和总体结构设计及技术经济的评价，最后绘制总体装配图和进行外观造型设计。在总体设计时，应针对上述问题提出若干个方案，并进行分析比较。总体设计后，最好邀请各方面专家，组织一次方案评审会，集思广益，保证质量。

总体设计是测控仪器设计的关键，在分析时，要画出示意草图，画出关键部件的结构草图，进行初步误差试算和误差分配，方案论证和必要的模拟试验，以考查所拟方案是否可行，确定最佳方案之后，才可进行下一步具体技术设计。

(5)技术设计：根据总体设计中的模块划分和相应的功能、指标要求，设计调试测控仪器各个组成模块，具体包括：

①总体结构设计；

②硬件设计；

③软件设计；

④精度计算；

⑤技术、经济、可靠性评价；

⑥编写包括分析和计算的设计说明书，这一步应该包括机、电、光各部分结构设计。

(6)制造样机、产品鉴定或验收：制造样机，通过系统调试和现场调试进行产品试验，并进行样机整体功能指标调试，发现问题及时修改完善设计。

(7)批量投产：设计定型后进行小批量生产，考核工艺和对产品试销，以确定下一步生产策略。

2.2 测控仪器的组成及设计任务分析

2.2.1 测控仪器的组成

测控仪器主要由感知、识别和控制三大模块组成，如图 2.1 所示。

1)感知模块

测控仪器的第一个环节是感知模块，感知模块通常是把客体信息的形式特征变换成用某些其他物理量形式表现出来，这些物理量就是信号。例如，电信号幅度、频率、相位和波形，声音振动频率和幅度、光波波长和强度等。它的技术本质是信息(事物运动状态及其变化方式)在不同载体之间转换，该模块由敏感单元和变换单元构成。

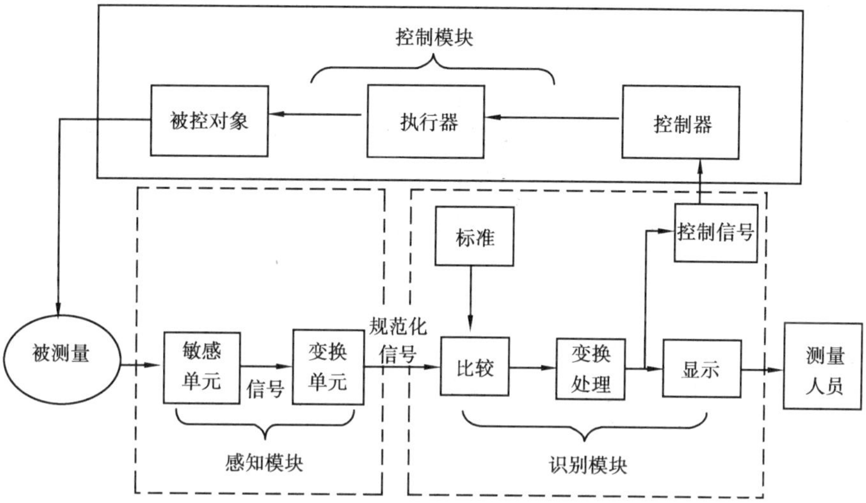

图 2.1　测控仪器组成框图

由于自然界中的大量信息是以非电量形式来表示的,敏感单元中的传感器就是感知各种非电信息并把非电量转换为电量输出的器件或装置,它是非电系统与电系统之间的接口。这种转换机理是遵循某个物理定律或运用某种物理效应,使被观测量与转换输出量之间具有确定的函数关系。当然由于“事物的运动状态及其变化方式”是无限多样的,对复杂的被测对象,需要采用多种传感器感知信息,并对其中各种传感器的输出进行适当综合或融合,更有效、更真实和更全面地获取信息。

变换单元的任务是把敏感单元的输出响应通过适当方式变换成便于观察、处理和利用的规范化的信号。由于电信号和光信号的处理技术已经比较成熟(特别是电信号的变换、处理十分方便灵活),变换单元把敏感单元的输出响应转换成物理量,通常是电信号或光信号,从这个意义上讲,变换单元可称为“换能器”。

2)识别模块

识别模块是在感知模块的基础上进行的,其任务是对所感知的信息作出判断,就信息感知本身而言,它只是感受到了“事物运动状态及其变化方式”的形式化方面,并不理解事物运动状态及其变化方式的逻辑含义和它的效用价值。识别则通过与相应的特征模板进行比较,把能够表征感知信号的一组形式化参量(特征)提取出来。

①识别是把感知的信号形式转换成仪器能理解的相关信号。

②识别(分类)的基本原理是形式特征的比较。

③识别的原则是:相似而认同,相异而拒斥。

④无论怎样设计信息识别系统,完全无差错的识别是不现实的(误差存在的绝对性)。

为了把感知的规范化信号转换成仪器能理解的相关信号,在识别模块中常包括比较、变换和处理、显示等模块。

(1)比较

比较模块常采用的技术是直接比较和间接比较两种。在直接比较测量技术中,将被测量与已知其值的同一种标准量相比较。例如天平称重属直接比较。被测量与已知量通过形态经过变换的中间量进行比较,这种比较是间接的,在不同时间先后进行的。例如弹簧秤把重量变成弹簧形变，最后成为指针的偏转，称为间接（非直接）比较测量。

（2）变换、处理

信息变换、处理模块包括为了各种目的而对信息所进行的变换和加工。当某些被测量不便于直接比较，或者无法直接观测，或者为了获得更高的识别分辨力和精度、更快的速度、更宽的量程，则要运用到变换处理模块。比如提取有用信息的特征参数；信号分析处理；抑制无用或有害信息，信噪分离，提高信噪比；减少测量误差的数据处理；信息表示方式变换处理等。

（3）显示

显示的基本功能是把人眼不可见的信息转化成为可见信息，它是信息识别中一个不可少的环节。测量仪器归根结底要将测量信息转换为视觉信息，显示模块就是将不可见信息转化为视觉信息再由人来观测的过程。

3）控制模块

控制模块所应用的自动控制理论是一门关于自动控制规律的技术科学。自动控制是应用自动化仪表或控制装置代替人，自动地对机器设备或生产过程进行控制，使之达到预期状态或性能要求。控制模块的任务是利用识别模块输出的控制信号通过控制器中的相应控制规律来控制被控对象或过程，由执行元件接受控制信号的控制并产生动作，去改变被控量，使被控量按照期望的规律变化，保证生产安全，满足经济性及产品质量等要求。

当系统的性能指标（时域指标或频域指标）不满足期望指标时，常在系统中加入一些参数可以根据需要而改变的校正元件（模块），使整个系统发生变化，从而满足给定的各项性能指标。

2.2.2 设计任务分析

设计之前首先必须详细了解和分析设计任务，目的就是要清楚设计任务对测控仪器设计提出的要求和限制，使设计出的仪器能更好地实现设计任务提出的各项性能指标和要求，这是测控仪器总体设计的关键步骤。一般用三种模式下达设计任务：

（1）设计者按照用户提出的要求，针对特定目标特定的测控对象及特定参数要求，设计专用仪器。

（2）设计者按照仪器生产厂家提出相应的产品要求和指标，设计出通用产品和相应的一系列产品。

（3）由设计者自行根据技术发展和社会需求进行新产品的研发。

设计任务分析一般情况下包括：

1）被测参数及被控对象的特点

测控仪器的任务就是实现对被测参数测量，并根据参数指标要求控制被控对象。所以分析被测参数及被控对象的特点就成为仪器设计的基础。这里指的分析被测参数及被控对象的特点包括被测参数及被控对象的给定情况，精度要求，线性范围，性质状态等。这些特点如果不弄清楚则可能会使得设计的仪器在测量原理或数据处理方法上出现设计原理性错误，造成设计失败。

2）仪器的功能要求

仪器功能要求一般包括仪器的用途，是测量单一对象的“专用”仪器还是测量多种对象的

"通用"仪器;仪器的操作方式,是手动的还是全自动;仪器外部尺寸、重量,是否需要便携;控制要求,开环还是闭环;测控参数要求,是一个参数还是多个参数;实时性,显示要求。

3)**仪器的使用条件**

使用条件一般包括仪器工作环境状况要求,即对温度、湿度、力场、电磁场、辐射、化学气雾和粉尘、霉菌以及有关电磁量(工作电压、源阻抗、负载阻抗、地磁场、雷电等)的数值、范围及其变化情况,是否需要电磁屏蔽、恒温处理;在室内,室外,还是野外工作;测量是在线还是离线;连续工作还是断续工作。

4)**对国内外同类产品进行研究现状分析**

通过对国内外同类产品进行研究分析,将国外仪器先进的设计思想和方法系统地引入设计中。通过现状分析,对各项功能、指标、生产工艺等进行梳理,通过与国际国内同行业先进仪器的对比,找出设计工作中存在的问题和薄弱环节,把握同类测控仪器的市场现状、存在问题和发展方向,通过最佳方案设计的总结和推广,提升设计水平和工作效率。

总之,通过设计任务分析,对设计的仪器要有一个全面了解,掌握仪器的功能要求、性能要求、对象特性、环境条件等各方面因素,并知道哪些问题是主要的,哪些是次要的。这样在设计过程中就可以有的放矢,集中精力攻克关键问题。当然在设计过程中要注意沟通,发现用户的一些不恰当、不合理、不确切要求及时提出修改意见。

2.3　测控仪器设计原则

在长期仪器设计实践的过程中,设计者经过不断的继承、总结、扩充,制定出一些带有普遍性或在一定条件下带有普遍性的设计原则。设计者根据不同情况,将这些设计原则作为仪器设计中的技术措施,保证和提高了仪器精度,并能改善仪器性能,降低仪器成本,提高投资效益。因此,在仪器总体设计阶段必须突出考虑如何在仪器的总体方案中遵循或恰当地运用这些原则。下面就一些主要设计原则的有关内容和考虑方法等问题进行讨论。

2.3.1　从原理出发提高精度的原则

(1)平均读数原理

在仪器设计中,平均误差效应、平均读数原理的应用相当广泛。如光栅形成的莫尔条纹有误差平均作用;多齿分度盘整周啮合时,对每个齿的制造误差有平均作用;多次采样和多次读数取平均值可减小随机误差的影响等。在计量学中,常常利用多次读数取其平均值来提高读数精度,而利用这一原理来设计仪器的读数系统,即称之为平均读数原理。

(2)比较测量原理

比较测量原理广泛地应用于各种物理量的测量。在测控仪器的电信号测量中,常采用比较电桥和比较放大两种基本形式以及扩展的差动比较,进行比较测量。这些测量形式可以大大减小甚至能消除共模信号的影响,从而可提高测量精度和灵敏度,并可改善仪器的线性度。在利用光电法进行测量的测控仪器中,采用的双通道差动比较测量可以有效地减小光源光通量变化的影响。而几何量测量仪器中的复合参数测量则尤其适合采用比较测量原理。

(3)补偿原理

补偿原理是仪器设计中一条内容广泛而意义重大的设计原理。完全依赖元件加工精度来保证仪器高精度是不现实的,而在设计中巧妙地采用包括补偿、调整、校正环节等技术措施,常常能在元件加工精度不是很高的情况下提高仪器精度和改善仪器性能。因此,补偿原理作为仪器设计原理之一,一直受到设计者的重视和普遍应用。当仪器设计广泛采用电子计算技术之后,通过各种硬件的校正、补偿电路以及数据误差处理,可以将仪器中的误差加以减小或消除,从而提高仪器的精度,使得在仪器设计中采用补偿原理的范围及可能性更是越发广泛。

2.3.2 变形最小原则

变形最小原则指的是在工作过程中,仪器应尽量避免受外力、重力、温度、内应力、振动等影响引起的仪器结构变形或仪器状态和参数的变化,并使之对仪器精度的影响最小。例如仪器承重变化引起仪器结构变形而产生测量误差;又如温度变化引起仪器或传感器结构参数变化,导致光电信号的零点漂移及系统灵敏度变化。因此,设计要求尽量保证仪器变形最小并采取相应的技术措施保证引起变化后能实现补偿。

2.3.3 坐标系基准统一原则

坐标系基准统一原则主要是针对仪器中的零部件设计、部件装配以及对仪器群体之间的位置相互依赖关系的要求。该准则可以保证在工艺或测量上能够较经济地获得规定精度要求而减小或避免附加误差。在设计零部件时,应该使零部件的设计基面、工艺基面与测量基面一致起来。对于部件装配,则要求设计基面、装配基面和测量基面一致。对仪器群体之间位置相互依赖关系来说,设计某台仪器时,应考虑该仪器的各测控模块坐标系在整体坐标系统中的转换关系与实现转换的方法,保证坐标系基准统一。现代测控仪器除了仪器本身向动态、多自由度、闭环控制方向发展外,还需要整个系统遵守坐标系基准的统一,以保证多台仪器的配合工作。

2.3.4 最短测量链原则

最短测量链原则指出构成仪器测量链环节的构件数目应最少。在测控仪器的整体结构中,测量链包括直接或间接感受标准量和被测量信息的元件,如被测件、标准件、感受元件、定位元件。这类元件的误差对仪器精度影响最大,一般都是 1 ∶ 1 影响到测量结果,而且一般只能从原始设计上加以保证,而不能采用补偿的办法来实现。因此,对测量链各环节的精度要求应最高,测量链环节的构件数目应最少,即测量链应最短,从而达到减小误差的目的。除了测量链以外,还有放大指示链和辅助链两大环节,它们对仪器精度的影响程度要低于测量链。

2.3.5 精度匹配原则

在对仪器进行精度分析的基础上,根据测控仪器中各部分各环节对仪器误差影响程度的不同,分别对各部分各环节提出不同的误差要求和恰当的误差分配,这就是精度匹配原则。例如,对于测量链中的各环节要求误差最小,应当设法使这些环节保持足够小的误差;而对于其他链中的各环节则应根据不同的要求分配不同的误差。

2.3.6 运动学设计原则

由于空间体具有6个自由度，在设计中需根据物体要求的运动方式，即要求的自由度数，确定施加的约束数。当然，对约束的安排不是任意的。约束应该为点接触，一条直线上至多两个约束，一个平面上至多3个约束，同一平面的约束点，尽量距离远，约束面应尽量垂直需限制的自由度方向。

2.3.7 阿贝原则

1890年，阿贝对量仪设计提出了一条指导性原则。原则指出，为使量仪能给出正确的测量结果，必须将仪器的读数刻线尺立放在被测尺寸线的延长线上。但在实际的设计工作中，有些情况不能保证阿贝原则的实施，则需进行扩展即标尺与被测量一条线，如无法实现则应保证导轨没有角运动，并算出偏移加以补偿。

2.3.8 硬件、软件协调优化设计原则

某些特定的设计任务既可以靠硬件执行，也可以用软件实现。通常增加硬件会增加成本，潜在故障点会增多，但在信号处理的反应速度上却比软件处理得更为及时。通过硬件，软件协调优化设计方案，是提高产品质量、性能、降低产品成本的重要方法。

2.3.9 可靠性原则

对测控仪器而言，保证高可靠、高稳定性，降低返修成本和售后服务成本是其基本要求，这些要求都依赖于仪器的可靠性保障。可靠性研究在国外20世纪60年代就开始了，现今已发展到可信性研究，已经将可靠性研究的领域拓展到维修性、维修保障性以及报废管理领域，而且已经出台了一系列标准。国内可靠性研究虽然起步晚，但进步比较快，目前已经出台了30余项有关可靠性设计的国家标准。仪器可靠性工程包括选型认证、设计应用、加工维护、失效分析和流程保障等。只有通过正确的选型认证，才能保证构成产品物料的基本可靠性；在产品的生产加工过程中需要保证不引入对器件的损伤。通过对开发、测试、小批量试产、量产阶段、用户现场的器件失效分析，找到失效的根本原因和改进措施，及时纠正和预防失效的发生。而可靠性保障流程包括选用可靠物料流程、产品开发中的可靠性设计流程以及故障报告分析和纠正措施系统（FRACAS）流程。

2.3.10 经济性原则

较高的性价比是测控仪器设计的准则之一。经济性原则是在保证系统先进、可靠和高性价比的前提下，通过优化设计集成测控仪器达到最经济性的目的。在测控仪器设计制造和加工过程中，应以最经济的方法实现合理的功能和指标。这主要应从科学合理选择加工、装配工业，合理分配各环节仪器误差，合理选择加工材料和元器件，尽量选用标准件和标准化模块等方面来解决，在考虑仪器的经济性时，除造价外还应顾及仪器的使用成本。

除了以上提及的10种设计原则外，常用的还有：结构工艺性好原则；造型与装饰宜人原则；价值系数最优原则；仪器零部件的标准化、系列化、通用化原则等。

2.4 测控仪器可靠性设计

2.4.1 可靠性设计意义

随着科学技术的进步和经济技术发展的需要，测控仪器日益向多功能、小型化、高可靠方向发展。仪器的功能越来越复杂，使得设备应用的元器件、零部件越来越多，对可靠性要求也越来越高。可靠性不高带来的损失不仅仅表现在对仪表自身的故障维修或更换的费用上，而且其连锁效应会影响正常的生产和生活，损坏相关设备，甚至危及人身安全。可靠性问题从产品的设计、制造到安装、使用、维护，贯穿于测控仪器的整个寿命周期。在各种不可靠因素中由于设计不当而产生的产品可靠性问题最严重。所以，我们在产品研制、设计阶段，就应当重视可靠性设计，在设计阶段采取提高可靠性的措施，比起以后各阶段采取措施耗资最少，收效也最显著。

2.4.2 可靠性设计基本原则和任务

影响仪器可靠性的因素有外部干扰和内部干扰，其中外部干扰主要包括电网电源干扰，空间电磁干扰，环境干扰和机械振动干扰等；内部干扰主要包括元器件失效，内部电磁干扰，电气互联故障干扰和软件故障干扰等。针对上述因素，仪器可靠性设计应遵循以下原则：

(1)简化方案，由于测控仪器的可靠性是由各个单元乃至各个元器件的可靠性决定的，所以避免元件失效的最好办法就是不使用它，若期望尽量提高仪器的可靠性，就应该在能满足仪器预设功能和性指指标的前提下，尽可能的简化仪器结构。

(2)避免片面追求高性能，多功能

过分的追求仪器的高性能，多功能的实现，将直接导致仪器的复杂化，降低仪器的可靠性，增加设计出现不合理，不可靠因素的概率。所以在设计过程中，应注意性能、功能与可靠性之间的协调关系。

(3)合理定位软件、硬件功能

现代测控仪器是由硬件和软件构成的，随着微芯片技术的发展，现今采用一些可编程集成芯片可以进一步简化硬件电路，提高可靠性，但完全的“以软件代替硬件”并不现实，功能再强大的软件也需要硬件支持，两者相辅相成，各有优势，不可偏废任何一方。

(4)尽量使用数字电路

数字电路与模拟电路相比，稳定性更好，抗干扰更强，现在数字电路正朝着集成电路芯片的方向发展，集成芯片的失效率比同样功能的电路板要低得多。

依据现有元器件水平的基础，权衡性能、体积、重量、费用、研发时间等因素，从测控仪器的总体设计、元器件选用、降额设计、热设计、稳定性设计、电磁兼容设计、耐环境设计、工艺设计以及维修性设计等方面，充分考虑产品在使用过程中可能遇到的各种环境条件，制定设备或系统的可靠性指标，在系统自身可靠性保障，抗干扰技术，系统容错性设计等方面采取各种技术措施，保证产品在规定环境条件下能可靠运行。

2.4.3　可靠性设计基本内容

1）制定总体方案

制定总体方案是实施专题可靠性设计的依据，其主要包括如下 6 个方面的内容：

①明确产品的功能和性能要求；

②了解产品的使用环境条件；

③确定产品可靠性的定量标准；

④调查相似产品的现场使用情况；

⑤拟定为实现可靠性指标应采取的相应措施；

⑥进行方案论证。

2）可靠性设计技术的应用

应用专门的可靠性设计技术以实施专题可靠性设计，而专题可靠性设计则是总体方案的具体实现和保证。它主要包括以下内容：

（1）元器件选用

①尽量选用经过质量认证或认定，并经现场使用证明质量良好，可靠性高的通用元器件。对于新研制的新型元器件则必须经过严格的质量和可靠性试验后方能使用。

②由于各种电子元器件的材料、结构、设计和制造工艺等方面的原因，对外应力（包括电应力、热应力等）都有一定的耐受强度。当外应力超过元器件本身的应力承受强度（即额定应力）时，元器件就会损坏 。必须根据不同电路的工作参数和整机的使用环境条件，选用能满足这些要求的相应元器件，以充分发挥元器件应有的功能，提高元器件的使用可靠性。

（2）热设计

电子元器件及电子设备的可靠性与温度的关系极为密切。当环境温度升高时，就会使晶体管内部材料的物理和化学反应的速率加快，从而使晶体管的性能参数随温度的升高而产生漂移，额定功率降低，热击穿概率上升等现象。当使用温度超过电容器的额定温度时，温度每提高 10 ℃，电容器的使用寿命将下降一半。过高的温度还会使设备内的塑料件变形、变硬、变脆、老化，使材料的绝缘性能下降等。因此为了提高产品的可靠性，就必须充分重视热设计。热设计的基本准则可归纳为以下四点：

①降低功耗。在仪器运行过程中，电子元件所消耗的功率绝大部分被转化为热能，在保证设备完成预设功能前提下尽量降低设备功耗，即可达到降低设备温升效果。

②合理布局。为防止设备内部出现局部过热影响仪器工作，应在设计各部件结构时，把仪器内的发热元件均匀地分散于各个部位。

③采取有效的散热措施。就是在发热体上采取一定的传热方式，如添加风扇或散热片，把发热体的热量散发出去，降低仪器内部温度。

④对热敏元件隔热。热敏元件对温度变化非常敏感，如晶体管、铁氧体磁性元件、石英晶体等，他们常常在温度变化影响下出现电参数急剧变化或是元件失效率升高现象，造成仪器故障增多，性能失效情况，故在使用热敏元件时应对其进行隔热并采取保温措施。

（3）电磁兼容性设计

电磁干扰对仪器工作影响很大，而电磁环境的产生却相当普遍。自然界如雷电、宇宙射线、地磁辐射等常制造出电磁环境；由仪器自身变压器、扬声器、电路的非线性失真、本振辐射、自激振荡及各种信号馈线以及家用电器、工业电器、仪器设备、雷达、发射台、输电网等周围电子设备等形成的电场、磁场、电磁场环境,也成为造成电磁干扰的元凶。仪器处在这些电磁环境中,将不停地受到电的、磁的或电磁的干扰。如果所设计的设备缺少电磁兼容能力,就会在电磁干扰下,不断发生暂时或永久的故障,降低设备可靠性。因此,能否适应这种公共电磁环境,使其仍然能正常工作,就成为可靠性设计必须考虑的问题。

(4)漂移设计

在应力作用下或在储存条件下,电子元器件性能参数随时间的流逝而发生缓慢变化,当参数变化超过限额,将使仪器无法完成预设功能,发生漂移失效,因此在设计阶段就要考虑到参数的漂移。设计电路时,通过了解各种元器件参数漂移特性,分析哪些元器件对设备性能影响最敏感,从而选取合适参数组合及在仪器的任务周期内不会出现漂移失效的允许方差,保证电路性能最稳定,最为经济合理。常采用均方根偏差设计法、最坏情况设计法、蒙特卡罗法和正交优化法等设计方法实现漂移设计。

(5)三防设计

三防指的是防潮湿、防盐雾、防霉菌。潮湿、盐雾和霉菌对电子设备有很大影响,它们会使机内凝聚水汽,降低绝缘电阻,元件的介电常数和介质损耗增大,塑料变形,金属腐蚀,材料变质,使所有有机材料和部分无机材料受到霉菌地侵蚀而降低强度,从而使设备的寿命和可靠性受到影响。防潮方法包括:憎水处理、浸渍处理、灌封处理、塑料封装、金属封装。防盐雾方法包括:电镀、表面涂敷、降低不同金属接触点间的电位差。防霉菌方法包括:密封、放置干燥剂、控制大气条件、降低环境相对湿度、选用不易长霉的材料、紫外线辐照、表面涂敷防霉剂、防霉漆、在密封设备中充以高浓度臭氧灭菌等。

(6)冗余设计

对于复杂和重要的测控仪器,往往采用冗余设计来进一步提高可靠性。所谓冗余设计是指在仪器某一部分出现故障后,整体仍能通过切换到备用装置完成预定功能的一种设计。

冗余设计虽能大幅度提高系统的可靠性,但却增加了设备的体积、重量、费用和复杂度。因此,除了重要的仪器,对于一般产品不轻易采用冗余技术。冗余的方法很多,最简单的是并联装置,此外还有较复杂的串并联或并串联混合装置、多数表决装置、等待装置等。

(7)维修性设计

仪器的可靠性高不仅要求少出故障,而且要求一旦出了故障时能很快修复。测控仪器一般都是可修复产品,但修复快,才能有效地提高仪器的利用率。维修性设计一般从以下几个方面考虑:维修时易装,易拆,维修工具可靠,易检查,易校正,易恢复,互换性好,安全,经济,快速等。

(8)人-机工程设计

机器需要由人来操作,所以人与机器构成了人-机系统。人和机器各有所长,一般来说,凡是笨重、快速、精细、单调、操作复杂、环境恶劣的工作都适合机器承担。凡是需要不断地调整、修正、处理突发性、推理性、创造性等工作都适合人来承担。人-机工程设计的基本任务就是根据人体特性和人-机系统的关系,确定需要完成的操作,并恰当地分配给人和机器,使两者协调地工作,达到高效、经济、安全、省力和操作方便而可靠的目的。

(9)印制电路板计算机辅助设计

为了保证设计可靠性的实现,还必须进行工艺性设计,使可靠性在制造过程中不出现较大的退化。其中印制电路板设计是工艺性设计的主要内容，目前常用的是印制电路板计算机辅助设计技术（简称 PCBCAD），它是采用把电路、数据直接输入计算机系统，自动进行印制电路板线路布线。然后，由绘图仪绘制成套工艺图纸，由光绘图仪绘制印制板所需的成套照相底片，同时还能扫印输出元器件清单等。

2.4.4　可靠性设计步骤

为了使可靠性设计工作的基本要求、基本内容在设计过程中能有计划、有步骤地落实下去，便于随时进行检查、监督和控制，把可靠性设计的任务和内容编写成工作步骤，作为设计阶段的一项质量保证措施。它分为调查研究、总体方案的确定、设计研制、设计定型和生产定型四个阶段。

①调查研究阶段：主要是在收集资料的基础上确定可靠性指标；

②总体方案确定阶段：主要是确定应采取的可靠性设计措施，并进行可靠性预计和分配；

③设计研制阶段：主要是应用专门的可靠性设计技术进行专题可靠性设计；

④设计定型：主要是将系统技术设计成熟并最终固化，提出系统研制与生产的下一阶段要求；

⑤生产定型：主要是在设计定型后进行试生产，逐渐改进完善制造工艺和工装模具，以保证批量产品的稳定性，并进行可靠性增长试验和鉴定试验。

第3章 仪器误差分析

精度是仪器的一项重要技术指标，仪器的精度无论多高，总存在着误差。仪器误差的客观存在性以及精度的重要性决定了分析研究仪器误差是仪器设计的重要内容之一。而随着科学技术的发展，对仪器精度提出了愈来愈高的要求，精度设计成为仪器设计成败的关键。

仪器误差分析的目的是分析误差对仪器设备精度的影响，找出产生仪器误差的根源和规律，合理地选择方案、设计结构、确定参数和设置必要的补偿环节，在保证仪器经济性的基础上达到较高的精度。

本章主要研究影响仪器精度的各项误差来源及特性，仪器误差的分析与计算方法，以及误差的合成与分配，从而为仪器精度设计提供可靠的科学依据。

3.1 仪器误差基本概念

3.1.1 误差定义及表示法

1)误差定义

误差是评定精度的尺度，误差愈小表示精度愈高。在测量中，误差表示为测量值与真值之差。即误差 = 测量值 - 真值。

其中真值是客观存在的，但在实际应用时，一般是不知道和无法确定的。为了定量描述自然界中量的真值，科学上只能采用认为约定的真值。约定真值定义为对于给定目的具有适当误差的、赋予特定量的值。该真值的类型有以下三种：

(1)指定值　由国际计量局(BIPM)和国际计量委员会(CIPM)等国际标准化和计量权威组织定义、推荐和指定的量值。

(2)约定值　在被测量值传递中通常约定高一等级计量标准器具的误差与低一等级计量器具的误差之比小于等于 1/2 或 1/3 时，则高一等级计量器具的量值相对于低一等级器具的量值为约定真值。

(3)最佳估计值　统计学上，在重复条件下当测量一量值的测量次数非常大时(趋于无穷大)，测量值的算术平均值(数学期望)接近于真值，故实用中常以测量次数足够大时测量值的算术平均值(最佳估计值)看作是约定真值。

2)仪器误差定义

仪器误差是指仪器本身所固有的误差,即由于仪器本身及其附件的电气、机械等特性不完善所引起的误差。例如,由于刻度不准确、调节机构不完善等原因造成的误差,内部噪声引起的误差,电子元件老化、环境改变等原因造成的稳定性误差等。在仪器制成后,在规定的使用条件下仪器误差就基本固定了。

仪器测量误差不仅包括仪器误差还包括了使用或运行时,由于一些使用的环境条件、测量方法及测量人员主观因素等各项原因造成的综合误差。

3)误差表示法

误差常用绝对误差、相对误差或引用误差等来表示。

(1)绝对误差

绝对误差就是某被测量的测量值与真值(或约定真值)之差,一般所说的误差,就是绝对误差。由于实际测量值可能大于或小于被测量的真值,故绝对误差可以为正值或负值。它与误差的绝对值不同,后者是不考虑正负号的绝对值。

(2)相对误差

相对误差是绝对误差与被测量的真值的比值,一般用百分比(%)表示。由于测量值与真值很接近,故也可近似地用绝对误差与测量值之比作为相对误差。即:

$$\text{相对误差} = \frac{\text{绝对误差}}{\text{真值}} \times 100\% \approx \frac{\text{绝对误差}}{\text{测量值}} \times 100\%$$

(3)引用误差

引用误差是一种针对仪器仪表相对误差的表示方法,它是指以仪器仪表某一刻度点的示值误差为分子,以测量范围上限值或全量程为分母,所得的比值。即:

$$\text{引用误差} = \frac{\text{示值误差}}{\text{测量范围上限}}$$

3.1.2　误差类型

为了便于对误差进行分析研究和处理,人们对误差进行了分类。

1)按误差的性质和特点区分

(1)随机误差

在相同条件下,多次重复测量同一被测量时,测量误差的绝对值和正负符号以不可预知的方式变化,这种误差叫做随机误差。随机误差一般具有以下几个特征:

①绝对值相等的正误差与负误差出现的次数相等,这称为误差的对称性。

②绝对值小的误差比绝对值大的误差出现的次数多,这称为误差的单峰性。

③在一定的测量条件下,随机误差的绝对值不会超过一定界限,这称为误差的有界性。

④随着测量次数的增加,随机误差的算术平均值趋向于零,这称为误差的抵偿性。

随机误差的定量定义为:在重复性条件下,测量结果与对同一被测量进行无限多次测量所得结果的平均值之差。由于重复测量实际上只能进行有限次,所以实用中的随机误差只是近似的估计值。当测量次数足够多时,就整体而言,随机误差服从大数统计规律。

随机误差主要是由于仪器或测量过程中某些未知或无法控制的随机因素(如仪器的某些

元器件性能不稳定,外界温度、湿度变化,空中电磁波扰动等)综合作用的结果。随机误差的变化通常难以预测,一般难以通过实验方法确定、修正和消除。为了克服随机干扰引入的误差,可以通过采取硬件电路的方法进行修正,同时也可采用按统计规律的软件算法来实现,即采用数字滤波方法(如限幅滤波、中位值滤波、平均滤波等)来抑制有效信号中的干扰成分消除随机误差,同时对信号进行必要的平滑处理,以保证仪器及系统的正常进行。

评定随机误差时,应假设测量值不含系统误差及粗大误差,随机误差相互独立,测量次数 $n \to \infty$ 。常用标准差、极限误差等来作为随机误差的评定尺度。

①标准差 σ

测量的标准偏差简称为标准差,也可称之为均方根误差。设重复测量某值 x_0,得随机误差数列 $\varepsilon_1, \varepsilon_2, \cdots, \varepsilon_n$,则 $\varepsilon_i = x_i - x_0$。其中:$x_i$ 为第 i 次测量的测量值,x_0 为被测量的真值。

定义该数列的均方根误差为:

$$\sigma = \sqrt{\frac{\sum_{i=1}^{n} \varepsilon_i^2}{n}} \tag{3.1}$$

常用的计算方法有贝塞尔法、别捷尔斯法、极差法、最大误差法。其中贝塞尔公式表示标准差为:

$$\sigma = \sqrt{\frac{\sum_{i=1}^{n} (x_i - \bar{x})^2}{n-1}} \tag{3.2}$$

式中 $\bar{x}$——算术平均值。

②极限误差 δ

误差的极限范围称为极限误差。测量列的测量次数足够多且单次测量误差为正态分布时,根据概率论知识,可求得单次测量的极限误差。一般情况下,测量列单次测量的极限误差表示为:

$$\delta = \pm t\sigma \tag{3.3}$$

式中 t——置信系数,σ——标准差。

(2)系统误差

在相同条件下,多次重复测量同一量值时,测量误差的绝对值和正负符号都保持不变,或按一定规律变化的误差,叫系统误差。

系统误差的特征是其绝对值和符号保持不变或按一定的规律变化,由此,在多次重复测量同一量值时,系统误差不具有抵偿性。它是固定的或服从一定函数规律的误差,从广义上理解,系统误差即是服从某一确定规律变化的误差。

系统误差的定量定义为:在重复性条件下,对同一被测量进行无限多次测量所得结果的平均值与被测量的真值之差。此定义中的测量是在重复性条件下进行的,但实际中重复测量实际上只能进行有限次,另外,测量的真值也只能用约定真值代替,所以实际中的系统误差也只是近似的估计值。

仪器系统误差产生的原因多为测控仪器内部的原因造成,如仪器内部基准、放大器的零点漂移、增益漂移、非线性等产生的误差,其变化规律一般可通过实验和分析查出。克服系统误差与抑制随机干扰不同,系统误差不能依靠概率统计方法来消除或消弱,不像随机干扰那样能导出一些普遍适用的处理方法，而只能针对某一具体情况在技术上采取一定的措施。

例如由 ADC 和微机系统组合在一起的模拟数据采集系统，是模拟电路和数字电路混合使用的典型系统。在这种系统中，不仅有市电频率的感应噪声，还有数字电路对模拟电路的干扰噪声等系统误差来源。这些系统误差可以通过对电路结构的优化设计、电路的排列布线修正以及隔离和屏蔽等方法抑制该种系统误差。

对于仪器的非线性误差，其本质来说是属于系统误差范畴。例如由于传感器的非线性特性，会使很多变量与测量转换所获得的电信号之间呈非线性关系（热电偶温度与产生的毫伏信号之间为非线性关系等）。在设计仪器时，总是希望得到线性的输入输出关系，这样不仅可以使记录刻度均匀、读取直观方便，而且能使仪器在整个测量范围灵敏度一致，量程比扩大。为了最后获得输入输出之间的线性关系，仪器可以采用校正机构或线性化电路进行补偿。但这些硬件补偿措施不仅增加成本，而且效果不是很好，降低了可靠性。智能化仪器充分利用微处理器的运算和存储能力，可以对测量数据通过利用误差模型、曲线拟合、查表法等方法进行非线性校正，而不需要任何硬件补偿装置，即可以大大提高精度，又降低了成本，提高可靠性。因此当确定系统误差后，可用硬件电路或软件等方法减小和消除。

但应指出，系统误差是不容易被发现并被确定的，因此在仪器的设计、制造和使用时应认真对待。

（3）粗大误差

这类误差的发生，是由于测量者的疏忽大意，或因环境条件的突然变化而引起的，误差值一般比较显著。对确认含有粗大误差的测量数据，应予以剔除。

2）按仪器误差产生的来源区分

（1）工具误差　由于仪器内部组成元件本身不完善引起的误差，如元器件标称值与实际值不一致产生的误差。

（2）方法误差　由于仪器设计原理不完善引起的误差，如非线性特性线性化引起的误差。

3）按仪器的工作条件区分

（1）基本误差　仪器在规定的标准条件下所具有的误差。所谓标准条件，一般是指仪器在实验室（或制造厂、计量部门）标定刻度时所保持的工作条件，如电源电压 220 V ±5%，电源频率 50 Hz，温度 20 ±5 ℃，湿度小于 80% 等。仪器的精确度就是由基本误差决定的。

（2）附加误差　仪器在偏离规定的标准条件工作时除基本误差外又附加产生的误差。例如由于温度超过标准温度引起的温度附加误差等，附加误差在使用时应叠加到基本误差上。

3.1.3　精度

精度是误差的反义词，精度的高低是用误差来衡量的。误差大则精度低，误差小则精度高。通常把精度区分为：

（1）正确度　它是仪表系统误差大小的反映，表征测量结果稳定地接近真值的程度。

（2）精密度　它是仪表随机误差大小的反映，表征测量结果的一致性或误差的分散程度。

（3）精确度　它是系统误差和随机误差两者的综合反映，表征测量结果与真值之间的一致程度。其定量特征可用测量的不确定度（或极限误差）来表示。

对于具体的测量，精密度高的精确度不一定高，正确度高的精确度也不一定高。当精密度与正确度都高时即统称为仪器精确度高。

3.2 仪器误差来源与性质

造成仪器测量误差的原因是多方面的，在仪器的设计、制造和使用的各个阶段都可能产生误差。由于它们产生于不同的阶段，使得它们的规律及相对大小各不相同。在此，分别把它们称为原理误差和原始误差来讨论。从误差的性质和特点上看，原理误差多为系统误差，而原始误差多为随机误差。

3.2.1 原理误差

原理误差是由于在仪器设计及数据处理中采用了近似的理论、近似的数学模型、近似的零件原理和近似的测量控制电路所造成的。它只与仪器的设计有关，而与制造和使用无关。

有些仪器产生原理误差原因是把仪器实际的非线性特性近似地视为线性，采用线性的技术处理措施来处理非线性的仪器特性，由此而引起原理误差。

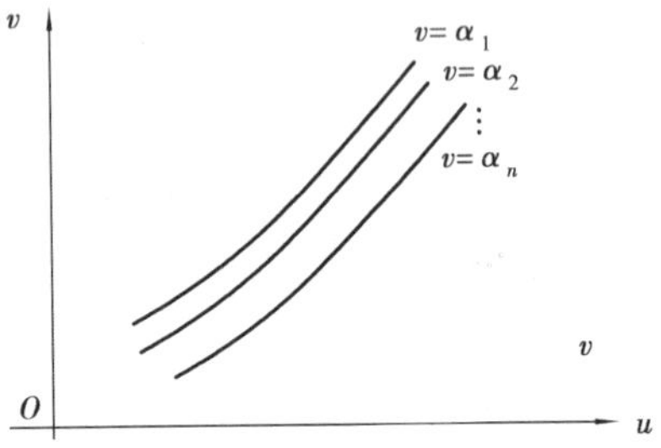

图 3.1 单一化机构的原理误差

原理误差有时发生在数据处理方法上，数学模型的近似和数值舍位均会带来误差。而且仪器结构有时也存在着原理误差，即实际机构的作用方程与理论方程有差别，因而产生零件原理误差。当采用简单机构数学模型代替复杂机构或用一个主动件的简单机构数学模型实现多元函数作用方程，就会产生原理误差。如图 3.1 所示。在实现 $y=f(u,v)$ 的函数机构中，按照理想情况，应该设计两个主动件。但在该机构中变量 u 起主要作用，而 v 的变化对函数影响不大。为简化设计，常用单一主动件来实现，取 $v=a_1$，即用 $y=f(u,a_1)$ 代替 $y=f(u,v)$。而这种机构对于 $v=a_1$ 的情况是理想的，而在其他情况下就有原理误差出现。

在仪器的测量与控制电路系统中的某些环节同样存在原理误差。例如，在数据采集系统中，首先要进行的操作是采样，因为实际的采样脉冲总是有一定的宽度 τ，采出信号的频谱与原信号的频谱并不完全相同，有变形。这样，即使让采出信号通过一个截止频率为 f_H 的低通滤波器，采出信号也不能完全恢复所要描述的模拟信号，从而产生原理误差。在测量控制电路中，模数转换过程通常用二进制中最小单位所代表的电平去度量一个实际的模拟量，结果会产生量化误差，这也是仪器的原理误差。

由原理误差的特点可以看出，该误差产生在仪器的设计过程中，可看成是仪器原理上的固有误差。

减小或消除原理误差影响的方法大致如下：

①采用更为精确的、符合实际的理论和公式进行设计和参数计算。

②研究原理误差的规律，采取技术措施减小和避免原理误差，如采用三线制电桥解决引线长短不同造成的误差。

③采取误差补偿措施。原理误差是有规律的，通过研究原理误差规律，采取调整措施或误差补偿技术去减小或消除仪器原理误差，是确保仪器精度最可靠的途径。

3.2.2　原始误差

仪器的原始误差，即在仪器制造和工作过程中，因零件尺寸、形状和位置的偏差所产生的误差。对精度影响最大的仪器原始误差可分为下列几种：

(1)工艺原始误差是零件加工中所产生的误差(尺寸、位置和工作面形状等的误差)和装配误差(偏差和倾斜等)，这些误差的特性具有随机性。

工艺原始误差是难以避免的，除了在制造过程中提高加工精度和装配精度外，在设计过程中也应采取适当的措施对其进行控制。如：合理分配误差和确定制造公差；正确应用仪器设计原理和设计原则(如第二章介绍的平均读数原理、补偿原理、最短测量链原则等)；合理确定仪器的各种参数；合理的结构工艺性；设置适当的调整和补偿环节等。

(2)运动副的间隙误差。其偏差值取决于间隙值，而偏差的方向取决于作用力的方向，间隙属于工艺误差，具有随机误差的特性。

(3)由拉力、外界作用力(负载力)和摩擦力(例如运动副中摩擦力)等引起的零件的受力偏移、磨损和变形。

(4)零件的温度变形。当工作温度与标准温度(+20 ℃)相比有变化时，零件尺寸的变化引起误差，在计算时作为系统误差。

(5)工作过程中摆动和振动的影响。摆动和振动的原因可能是：外界条件、转动部件和零件的不平衡，运动副的间隙和摩擦，承重零件的强度不够，没有减震装置或减震装置不完善等。

3.3　仪器误差分析与计算

仪器误差分析又称精度分析，其目的是寻找影响仪器精度的根源及其规律，进而计算误差的大小，了解其对仪器总精度的影响程度，以便正确地选择仪器设计方案及合理地确定结构和技术参数，并为科学合理地设置误差补偿环节提供依据。

仪器误差的分析是首先找出误差的来源，然后计算分析各个源误差对仪器精度的影响，本节介绍误差独立作用原理和主要的误差分析及计算方法。

3.3.1　误差独立作用原理

在理想情况即认为仪器特性参数无误差的情况下，仪器所指示的测量值与被测量以及有关仪器特性的各参数之间有如下函数关系：

$$y = f(x, q_1, q_2, \cdots, q_n) \tag{3.4}$$

式中　x——被测量；

$q_1, q_2 \cdots, q_n$——仪器的特性或结构参数的理论值；

n——参数的个数；

y——在理想情况下仪器应该具有的指示值。

分析 q_i 引起的误差时，对于多元函数 y 其增量可用函数的全微分表示，即：

$$\mathrm{d}y = \frac{\partial f}{\partial q_1}\mathrm{d}q_1 + \frac{\partial f}{\partial q_2}\mathrm{d}q_2 + \cdots + \frac{\partial f}{\partial q_n}\mathrm{d}q_n \tag{3.5}$$

从而可近似得到函数的误差 Δy 为：

$$\Delta y = \frac{\partial f}{\partial q_1}\Delta q_1 + \frac{\partial f}{\partial q_2}\Delta q_2 + \cdots + \frac{\partial f}{\partial q_n}\Delta q_n = \Delta y_1 + \Delta y_2 + \cdots + \Delta y_n \tag{3.6}$$

式中 Δq_i——各特性参数 q_i 的相应源误差，$i=1,2,\cdots,n$；

$\Delta y_i = \frac{\partial f}{\partial q_i}\Delta q_i(i=1,2,\cdots,n)$。$\Delta y_i$ 是由某一源误差 Δq_i 单独作用造成的仪器误差，又称为局部误差。

综上所述，一个源误差仅使仪器产生一个局部误差，局部误差是源误差的线性函数，与其他源误差无关，仪器总误差是局部误差的综合，这就是误差独立作用原理。

应当指出，误差独立作用原理是近似原理，因为在推导过程中忽略了相关因子，在某些特殊场合仍须考虑这一因素。

3.3.2 微分法

可以用逐个计算源误差所引起的局部误差，然后用综合局部误差的方法“微分法”计算仪器总误差。用微分法求仪器测量误差的步骤为：

(1)写出相应的仪器方程式，式中应包括会引起误差的各参数，研究该方程式是否可微分；

(2)根据误差独立作用原理对相应的参数进行偏微分；

(3)用误差 Δq_i 代替微分 dq_i，得仪器测量误差 Δy_i。

微分法的优点是运用微分运算解决误差计算问题，具有简单、快速的优点。但微分法也具有局限性，对于不能列入仪器作用方程的源误差或作用函数不能微分的情况，不能用微分法分析其对仪器精度产生的影响。

3.3.3 几何法

几何法是利用几何图形找出误差源造成的误差，并求出它们之间的数值和方向关系的方法。

例 3.1 在图 3.2 所示的螺旋测微机构中，由于制造或装配产生误差，使得螺旋轴线与滑块运动方向成一夹角 θ，求由此而引起的滑块位置误差 ΔL。

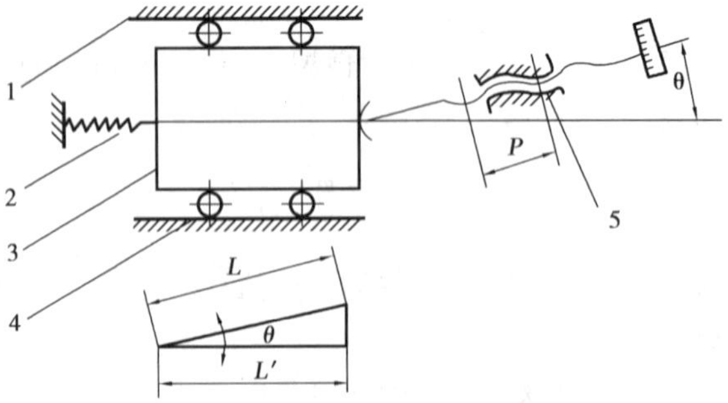

图 3.2 螺旋测微机构示意图

1—导轨；2—弹簧；3—滑块；4—滚珠；5—螺旋副

解:机构的传动方程为:$L=\dfrac{\varphi}{2\pi}P$;

式中　L——滑块移动距离;

φ——螺旋转角;

P——螺距。

由于源误差为夹角误差 θ,滑块的实际移动距离 L'为:

$$L' = L\cos\theta = \frac{\varphi}{2\pi}P\cos\theta$$

故位置误差为 $\Delta L = L - L' = \dfrac{\varphi}{2\pi}P - \dfrac{\varphi}{2\pi}P\cos\theta = \dfrac{\varphi}{2\pi}P(1-\cos\theta) \approx \dfrac{\varphi}{4\pi}P\theta^2$

由上述例题可知,几何法求误差的步骤是:

①作出仪器(光学系统或机构等)的瞬时示意图;

②在图上夸大地表示出误差源,利用光学机械关系表示出它所造成的仪器误差;

③运用几何图形关系写出误差源和仪器误差间的关系式。

几何法的优点是简单、直观,适合于求解机构中未能列入作用方程的源误差所引起的局部误差,但在应用于分析计算复杂机构运行误差时较为困难。

3.3.4　逐步投影法

逐步投影法是几何法的拓展,它适用于机构误差分析。其基本原理是将主动件的某些源误差先投影到与其相关的中间构件上,然后再从中间构件投影到下一个与其有关的中间构件上,最终投影到机构从动件上,依次求出机构位置误差。

如图3.3所示的平行四连杆机构,要求零件 AD 能作严格的平移,将角度以1:1的比例由 AB 传到 CD。由于制造或装配误差造成 $AB \neq CD$,设 AB 的长度为 a,CD 的长度为 a_1,误差 $\Delta a = |a - a_1|$,可用逐步投影法求算所产生的从动件转角误差 $\Delta\varphi_a$。

由图可知,Δa 在 AD 上的逐步投影值 ΔAD 为:$\Delta AD = \Delta a\cos(90° - \varphi) = \Delta a\sin\varphi$

构件使从动件 CD 转动的作用臂是 C 点到 AD 的垂直距离 CE 为:

$$CE = CD\cos\varphi_1 = a_1\cos\varphi_1 \approx a\cos\varphi$$

故从动件转角误差 $\Delta\varphi_a$ 为:

$$\Delta\varphi_a = \frac{\Delta AD}{CE} \approx \frac{\Delta a\sin\varphi}{a\cos\varphi} = \frac{\Delta a}{a}\tan\varphi$$

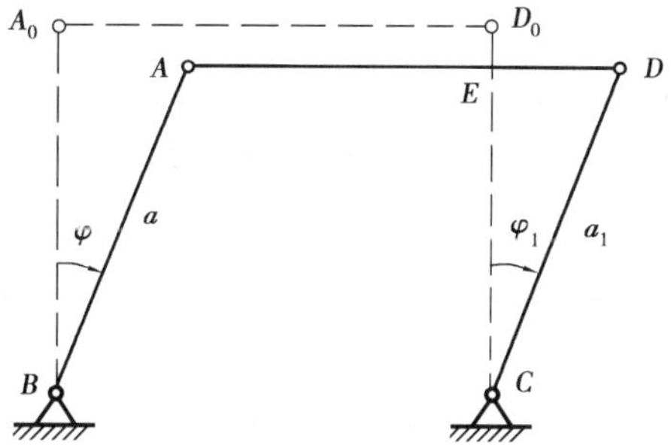

图3.3　平行四连杆机构图

逐步投影法从研究误差源在机构中的传递着手，比几何法更直观。在分析空间机构的误差时，其优点是很突出的。

3.3.5 作用线与瞬时臂法

微分法和几何法直接导出误差源与仪器误差的关系式，不讨论误差形成的过程。逐步投影法从机构原理图上研究误差的传递过程，"逐步"求得仪器误差。而瞬时臂法是从运动方程式上研究误差的传递过程，从而求得仪器误差。因此，瞬时臂法必须首先解决两个问题：

①机构传递运动的过程及传递的表达式，即机构运动方程式；

②误差源是怎样随着运动的传递过程传到从动件上形成仪器误差的，即误差源的传递方程式。

3.4 仪器误差合成

在进行精确度计算时，找到了误差源并分析计算出它们单独所造成的仪器误差还不够，必须得出仪器总误差，以便弄清各误差源的影响，从而合理制定公差和技术条件。

3.4.1 随机误差合成

随机误差具有随机性，其取值是不可预知的，并用测量的标准差或极限误差来表征其取值的分散程度。随机误差的合成是采用方和根的方法，同时还要考虑到各个误差传递系数和误差间的相关性影响。

1）按标准差合成

全面分析测量过程中影响测量结果的各个误差因素，若有 q 个单项随机误差，它们的标准差分别为 $\sigma_1,\sigma_2,\cdots,\sigma_q$。根据方和根的运算方法，各个标准差合成后的总标准差为：

$$\sigma = \sqrt{\sum_{i=1}^{q}(\sigma_i)^2 + 2\sum_{1\leqslant i\leqslant j}^{q}\rho_{ij}\sigma_i\sigma_j} \tag{3.7}$$

式中 ρ_{ij}——相关系数。

一般情况下各个误差互不相关，相关系数 $\rho_{ij}=0$，则有：

$$\sigma = \sqrt{\sum_{i=1}^{q}(\sigma_i)^2} \tag{3.8}$$

用标准差合成有明显的优点，不仅简单方便，而且无论各单项随机误差的概率分布如何，只要给出各个标准差，均可按式(3.7)或式(3.8)计算总的标准差。

2）按极限误差合成

在测量实践中，各个单项随机误差和测量结果的总误差也常以极限误差的形式来表示，因此极限误差的合成也较常见。

用极限误差来表示随机误差，有明确的概率意义。极限误差合成时，各单项极限误差应取同一置信概率。若已知各单项极限误差为 $\delta_1,\delta_2,\cdots,\delta_q$，且置信概率相同，则按方和根法合成的总极限误差为：

$$\delta = \pm\sqrt{\sum_{i=1}^{q}(\sigma_i)^2 + 2\sum_{1\leqslant i\leqslant j}^{q}\rho_{ij}\sigma_i\sigma_j} \tag{3.9}$$

式中　ρ_{ij}——任意两误差间的相关系数。

一般情况下，已知的各单项极限误差的置信概率可能不相同，不能按式(3.9)进行极限误差合成。应根据各单项误差的分布情况，引入置信系数，先将误差转换为标准差，再按极限误差合成。

对单项极限误差为：

$$\delta_i = \pm t_i\sigma_i \qquad i = 1,2,\cdots,q \tag{3.10}$$

式中　σ_i——各单项随机误差的标准差；

t_i——各单项随机误差的置信系数。

对总的极限误差为：

$$\delta = \pm t\sigma \tag{3.11}$$

式中　δ——合成后的总标准差；

t——合成后总极限误差的置信系数。

将式(3.7)代入式(3.11)中得：

$$\delta = \pm t\sqrt{\sum_{i=1}^{q}(\sigma_i)^2 + 2\sum_{1\leqslant i\leqslant j}^{q}\rho_{ij}\sigma_i\sigma_j} \tag{3.12}$$

根据式(3.10)，则可得一般的极限误差合成公式为：

$$\delta = \pm t\sqrt{\sum_{i=1}^{q}\left(\frac{\delta_i}{t_i}\right)^2 + 2\sum_{1\leqslant i\leqslant j}^{q}\rho_{ij}\frac{\delta_i}{t_i}\frac{\delta_j}{t_j}} \tag{3.13}$$

根据已知的各单项极限误差和所选取的各个置信系数，即可按式(3.13)进行极限误差的合成。但必须注意，式(3.13)中的各个置信系数，不仅与置信概率有关，而且与随机误差的分布有关。也就是说，对于相同分布的误差，选定相同的置信概率，其相应的各个置信系数相同；对于不同分布的误差，即使选定相同的置信概率，其相应的各个置信系数也不相同。由此可知，式(3.13)中的置信系数 $t_1,t_2,\cdots,t_q$，一般来说并不相同。对合成后的总误差的置信系数 t，当各单项误差的数目 q 较多时，合成的总误差接近于正态分布，因此可按正态分布来确定 t 值。

当各个单项随机误差均服从正态分布时，式(3.13)中的各个置信系数完全相同，即：$t_1 = t_2 = \cdots = t_q = t$，则式(3.13)可简化为：

$$\delta = \pm\sqrt{\sum_{i=1}^{q}(\delta_i)^2 + 2\sum_{1\leqslant i\leqslant j}^{q}\rho_{ij}\delta_i\delta_j} \tag{3.14}$$

一般情况下，$\rho_{ij} = 0$，则式(3.14)成为：

$$\delta = \pm\sqrt{\sum_{i=1}^{q}(\delta_i)^2} \tag{3.15}$$

式(3.15)具有十分简单的形式，由于各单项误差大多服从正态分布或假设近似服从正态分布，而且它们之间常是线性无关或近似线性无关，因此式(3.15)是较为广泛使用的极限误差合成公式。

3.4.2　系统误差合成

根据对系统误差的掌握程度，可将系统误差分为已定系统误差和未定系统误差。已定系统误差是指误差大小和方向均已确切掌握了的系统误差。而未定系统误差是指误差大小和方向未能确切掌握,或不必花费过多精力去掌握,而只能或只需估计出其不致超过某一极限范围 $\pm e_i$ 的系统误差。由于这两种系统误差的特征不同,其合成方法也不相同。

1)**已定系统误差合成**

设各单项原始误差中有 r 个单项已定系统误差,其误差值分别为 $\Delta_1,\Delta_2,\cdots,\Delta_r$,则按代数和法进行合成,求得总的已定系统误差为:

$$\Delta = \sum_{i=1}^{r} \Delta_i \tag{3.16}$$

2)**未定系统误差合成**

若仪器误差中存在若干项未定系统误差,应正确地将这些未定系统误差进行合成,以求得最后结果。由于未定系统误差的取值具有随机性,并且服从一定的概率分布,因而若干项未定系统误差综合作用时,它们之间就具有一定的抵偿作用。这种抵偿作用与随机误差的抵偿作用相似,因而未定系统误差的合成,完全可以采用随机误差的合成公式,这就给结果的处理带来很大方便。对于这一项误差,当难以严格区分为随机误差或未定系统误差时,因不论作哪一种误差处理,最后总误差的合成结果均相同,故可将该项误差任作一种误差来处理。

(1)标准差合成

若仪器误差中有 s 个单项未定系统误差,它们的标准差分别为 $u_1,u_2,\cdots,u_s$,则合成后未定系统误差的总标准差为:

$$u = \pm\sqrt{\sum_{i=1}^{s}(u_i)^2 + 2\sum_{1\leqslant i\leqslant j}^{s}\rho_{ij}u_iu_j} \tag{3.17}$$

当 $\rho_{ij}=0$ 时,则有:

$$u = \pm\sqrt{\sum_{i=1}^{s}(u_i)^2} \tag{3.18}$$

(2)极限误差合成

因为各个单项未定系统误差的极限误差为:

$$e_i = \pm t_iu_i \qquad i = 1,2,\cdots,s \tag{3.19}$$

总未定系统误差的极限误差为:

$$e = \pm tu \tag{3.20}$$

则可得:

$$e = \pm t\sqrt{\sum_{i=1}^{s}(u_i)^2 + 2\sum_{1\leqslant i\leqslant j}^{s}\rho_{ij}u_iu_j} \tag{3.21}$$

$$或\ e = \pm t\sqrt{\sum_{i=1}^{s}\left(\frac{e_i}{t_i}\right)^2 + 2\sum_{1\leqslant i\leqslant j}^{s}\frac{e_i}{t_i}\,\frac{e_j}{t_j}} \tag{3.22}$$

当各个单项未定系统误差均服从正态分布,且 $\rho_{ij}=0$ 时,则式(3.22)可简化为:

$$e = \pm t\sqrt{\sum_{i=1}^{s}(e_i)^2} \tag{3.23}$$

3.4.3 系统误差与随机误差合成

以上分别讨论了各种相同性质的误差合成问题,当仪器误差中存在各种不同性质的多项系统误差与随机误差,应将其进行综合,以求得最后结果的总误差,并常用极限误差来表示,但有时也用标准差来表示。

1)按标准差合成

若用标准差来表示系统误差与随机误差的合成公式,则只需考虑未定系统误差与随机误差的合成问题。

若测量过程中有 s 个单项未定系统误差,q 个单项随机误差,它们的标准差分别为 $u_1,u_2,\cdots,u_s,\sigma_1,\sigma_2,\cdots,\sigma_q$。为计算方便,当各个误差间互不相关时,则测量结果总的标准差为:

$$\sigma = \sqrt{\sum_{i=1}^{s} u_i^2 + \sum_{j=1}^{q} \sigma_j^2} \tag{3.24}$$

2)按极限误差合成

若仪器误差中有 r 个单项已定系统误差,s 个单项未定系统误差,q 个单项随机误差,它们的误差值或极限误差分别为:

$$\Delta_1,\Delta_2,\cdots,\Delta_r$$
$$e_1,e_2,\cdots,e_s$$
$$\delta_1,\delta_2,\cdots,\delta_q$$

为计算方便,当各个误差均服从正态分布,且各个误差间互不相关时,则总误差为:

$$\Delta_{总} = \sum_{i=1}^{r} \Delta_i \pm t\sqrt{\sum_{j=1}^{s} e_j^2 + \sum_{k=1}^{q} \delta_k^2} \tag{3.25}$$

一般情况下,已定系统误差经修正后,总的极限误差就是总的未定系统误差与总的随机误差的均方根,即:

$$\Delta_{总} = \pm\sqrt{\sum_{j=1}^{s} e_j^2 + \sum_{k=1}^{q} \delta_k^2} \tag{3.26}$$

由式(3.25)和式(3.26)可以看出,当多项未定系统误差和随机误差合成时,对某一项误差不论作哪一种误差处理,其最后合成结果均相同。但必须注意,对于单次测量,可直接按上式求得最后结果的总误差,但对多次重复测量,由于随机误差具有抵偿性,而系统误差则固定不变,因此总误差合成公式中的随机误差项应除以重复测量次数 n,即测量结果平均值的总极限误差公式为:

$$\Delta_{总} = \sqrt{\sum_{j=1}^{s} e_j^2 + \frac{1}{n}\sum_{k=1}^{q} \delta_k^2} \tag{3.27}$$

3.5　仪器误差分配

仪器误差的分配是仪器精度综合的反问题,其根本任务是将给定的仪器总误差合理地分配到仪器的各个组成部件上,为正确设计仪器的各个组成部件结构以及制定零部件的公差和技术要求提供依据。仪器总误差是仪器的总系统误差与总随机误差之和,由于误差性质不同,其分配方法也相异。

3.5.1　系统误差分配

系统误差影响较大而数目较少,其分配是在完成仪器的原理与方案设计之后进行的。

系统误差公差制定的过程是:先算出原理性的系统误差,根据一般经济工艺水平给出这些环节具体的公差值,算出仪器局部的系统误差,最后合成总系统误差 Δ_k。

如果合成总系统误差大于或接近仪器允许的总误差,说明所确定的系统误差值不合理,要重新考虑采取技术措施减小系统误差或推翻原方案,重新设计。如果合成总系统误差大于1/3且小于仪器允许的总误差,一般可以先减小有关部分的公差等级,然后再考虑采用一些补偿措施。如果总系统误差小于或接近仪器允许的总误差的1/3,则初步认为所分配的公差合理,待确定随机误差的公差时,再进行综合平衡。

3.5.2 随机误差和未定系统误差分配

随机误差和未定系统误差的分配是一起考虑的。此类误差的特点是数量多,一般按均方根法进行综合。设允许的总随机误差和总未定系统误差之和 Δ_Σ,即满足:

$$\Delta_\Sigma \geqslant \sqrt{D_1^2 + D_2^2 + \cdots + D_n^2 + U_1^2 + U_2^2 + \cdots + U_m^2} \tag{3.28}$$

式中,D_i 为单项随机误差,U_j 为单项未定系统误差,n 为随机误差的数目,m 为未定系统误差的数目。

此类总误差的分配通常有两种方法:一种按等作用原则,另一种按不等作用原则分配。

1)按等作用原则分配

按等作用原则认为各零部件误差对总误差的影响是相等的,则每个源误差所产生的局部误差是相等的。即:

$$D_1 = D_2 = \cdots = D_n = U_1 = U_2 = \cdots = U_m = \frac{\Delta_\Sigma}{\sqrt{n+m}} \tag{3.29}$$

2)按不等作用原则分配

不等作用原则认为在仪器的误差分配过程中,不仅要考虑仪器中的各个环节的误差对仪器总精度影响程度的不同,还应考虑仪器不同环节误差控制的难易程度。所以,在此类误差分配的过程中,对难以实现或成本高的环节应该给予较大的误差,反之则给予较小的误差。通常用一综合权 A_i 来表征某一环节误差控制的难易程度。按不等作用原则分配各误差的公式为:

$$D_i = \frac{A_i \Delta_\Sigma}{\sqrt{\sum_{i=1}^{n+m} A_i^2}} \tag{3.30}$$

显然,权 A_i 愈大表明此误差控制愈难,应允许该环节有较大的误差。

按不等作用原则分配仪器各个环节误差有较大的灵活性,综合考虑了误差对仪器精度的影响程度以及误差控制的难易程度。但是赋予权 A_i 的具体数值时,需要一定的实际经验。

3.5.3 按可能性调整公差

按各原则分配总误差后,应对分配结果进行结构、工艺与经济性分析,从实际出发进行误差调整。通常在调研制造行业实际工艺水平和使用技术水平的基础上定出3方面的公差评定等级,即经济公差极限、生产公差极限和技术公差极限,以此作为衡量标准。

经济公差极限——在通用设备上,采用最经济的加工方法所能达到的精度。

生产公差极限——在通用设备上,采用特殊工艺装备,不考虑效率因素进行加工所能达到的精度。

技术公差极限——在特殊设备上,在良好的实验室条件下,进行加工和检验时,所能达到的精度。

公差调整时,首先要确定调整对象。评价已制定出的各环节误差的允许值,看各允许误差值在三个公差极限上的分布情况。一般是调整系统误差项目、误差影响系数较大及较容易调整的误差项目,然后是尽量把低于经济公差极限的误差值都提高到经济公差极限上。经过多次的调整,使得多数环节的误差都在经济公差极限范围之内。对于个别超出技术公差的误差环节实行误差补偿,使其误差的允许值扩大到经济公差水平。

当调整到大多数在经济公差极限内,少数在生产公差极限内,极个别的在技术公差极限内,且系统误差的公差等级比随机误差高,补偿措施少而经济效果显著,即可认为合格。如经反复调整仍达不到上述要求,则应考虑改变设计方案。

第 4 章 测控仪器硬件电路设计

电路系统在测控仪器中担负着信息流传递和控制的重要任务，是感知、处理信息、输出指令、命令，对被控对象实施操纵的工具和载体。测控仪器的许多功能，都必须经过电路系统才能完成。本章对电路系统的设计准则、典型传感器接口电路、中央处理模块设计、输入输出通道及抗干扰设计等进行介绍。

4.1 电路系统的设计准则

4.1.1 测控电路的组成及作用

一般而言，一个完整的测控仪器电路系统由感知电路、输入通道(测量电路)、中央处理系统、输出通道(控制电路、驱动电路)等部分组成，如图 4.1 所示。本章着重讨论输入通道、中央处理系统和输出通道。

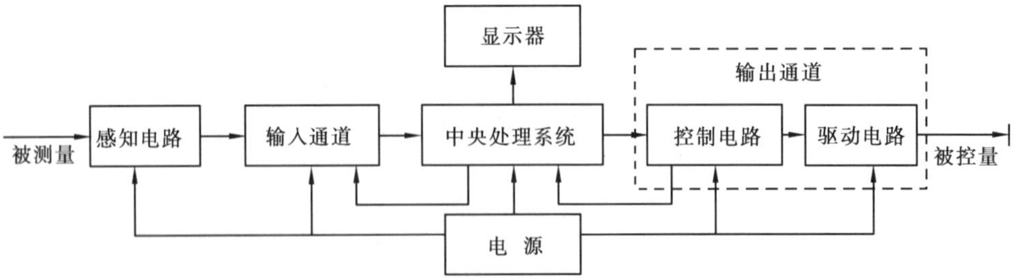

图 4.1 测控仪器电路系统组成示意图

1)输入通道

输入通道(测量电路)主要由信息处理电路和电源组成，主要包括各种放大、调制解调、滤波、阻抗变换、电平转换、模数转换、频率/电压转换、傅里叶变换、自动量程切换、非线性补偿等硬件电路。这些不同的电路可分别将感知电路输出的测量信号进行放大、滤波、细分、选通、变换和阻抗匹配。分离感知电路输出信号,放大微弱信号、转换模拟信号为数字信号,送至中央处理系统进行处理。

2)**中央处理系统**

中央处理系统(亦称中央处理单元、主控单元等)同时连接着输入和输出通道,是电路系统乃至测控仪器的核心。作为信息处理的核心单元,它对测量电路送来的信号进行运算、处理、存储、显示和打印,并按仪器的功能和要求发出控制命令,通过执行器对被控对象实行控制。

对应不同的场合可采用不同类型的计算机作为中央处理系统。小型测控仪器常采用单片机或嵌入式系统作为主控单元,若配以相应的外围电路,则可组成便携式测控仪器。较为复杂的工业场合,可充分利用计算机的软硬件资源,利用系统机来构成各种先进的智能化测控仪器。而更大型、复杂的场合则可应用分布式或网络化测控仪器。

3)**输出通道**

输出通道主要由控制电路、驱动电路、电源等组成,其中包括各种电压、电流、功率放大电路,驱动与隔离电路,数字模拟(D/A)转换电路、电压/电流转换电路、遥控电路等硬件电路。根据中央处理系统发出的命令,控制电路对来自中央处理系统的控制信号进行放大、转换、隔离,驱动等操作,控制执行装置执行控制命令,对被控对象实施控制。

4.1.2　对测控电路的一般要求

在进行测控仪器设计时,要考虑测控仪器总体对测控电路的要求,其中在总体设计方面主要考虑以下几方面因素:

(1)抗干扰能力

提高测控电路的抗干扰能力,是测控仪器设计的基本要求,抗干扰能力差的仪器难以应对各种复杂的工作环境正常工作。对于测量电路,干扰将直接影响测量的精确性,从而影响后续的运算及控制。对于控制电路而言,各种干扰的影响随电路形式的不同而有所变化,在模拟控制电路中有可能出现控制准确性降低;数字控制电路有可能产生误动作,从而带来破坏性的后果。

(2)稳定性

稳定性是测控电路的重要技术指标,只有稳定性好的仪表才能正常的使用。设计时常从零点、放大倍数(灵敏度)、线性度、输入输出阻抗等几个方面入手,采取多种措施,提高电路系统的稳定性。例如采用误差平均法等来提高仪器的短期稳定性,采用低漂移元器件、对元器件进行老化处理、采用对温度变化不敏感的元器件等方法提高仪器系统的长期稳定性。

(3)经济性

在设计测控仪器电路时,一般要求在满足功能、指标的基础上,选取的电路具有简洁性,这样一方面可以提高系统的可靠性,同时提高仪器的经济性。

在仪器性能指标方面则主要考虑:

(1)量程与分辨率

测控仪器中的量程和分辨率是两个相互制约的指标。在放大器动态工作范围相同的情况下,量程越大,分辨率就越低;反之,分辨率越高,量程就越小。当这两个指标无法同时满足时,由于测控仪器的测量和控制都具有各自的量程和分辨率，在测量电路中通常采用自动量程切换技术来解决；而控制电路的量程与分辨率主要取决于执行器，一般情况下是固定不变的。

(2)输入与输出阻抗

随着传感器和输出通道中控制器的改变，电路系统对输入和输出阻抗的要求也有所不同。例如压电传感器输出阻抗很大，可达 $10^8\ \Omega$ 以上，这就要求测量电路具有很高的输入阻抗。又例如当被测对象是电流源，就要求测量电路具有较低的输入阻抗。通常要求电路输入阻抗与传感器输出阻抗相匹配，从而使得输出信噪比达到最大值。同样，对于控制电路的输出阻抗要求，也应当与控制器的输入阻抗相匹配。

(3)频率特性

仪器电路常要求在很大频率范围内具有选通一定频率范围内的信号，同时抑制另一频率范围信号的完善性能，以便不同频率的信号具有相同的灵敏度且不失真，即仪器要求有选频(抑频)特性以提高抗干扰能力。这就是研究在动态测试情况下，输出信号幅度随输入信号频率变化而变化的特性，又称频率特性。

4.1.3 电路系统的设计准则

随着微电子技术和计算机技术的广泛应用，对测控仪器电路系统的设计要求越来越严格，也越来越规范。电路系统的设计，在遵循测控仪器总体设计原则的基础上，还应考虑测控电路本身的特点，遵循以下准则：

1)总线化准则

在以计算机为核心的测控仪器中，总线(Bus)是构成仪器的重要组成部分。采用标准化的通用总线，可使系统结构清晰，大大简化系统的软硬件设计，兼容性强，互换和通用性好，易于扩充和升级。而在实际的仪器设计中，则应充分考虑到各种总线的应用条件、特点，仪器的使用情况以及测控仪器的发展趋势来综合选择总线。常用的总线有以下几种：

(1)内部总线　内部总线又称局部总线或本地总线(Local Bus)，是用于系统内部，连接不同芯片以及芯片与微处理器的元件级总线。内部总线从功能上可分为数据总线、地址总线及控制总线三种。

(2)系统总线　系统总线是用于联接不同模板的板级总线。常用的有 ISA 总线、PCI 总线和 AGP 总线。

(3)外部总线　外部总线用于联接不同的系统，是在不同的系统间进行信息与数据交换的通信总线。根据传送数据的形式，外部总线又可分为并行总线和串行总线。在并行总线中，以 GPIB 通用接口总线最具代表性。在串行总线中，最具代表性的是 RS-232C。此外，还有可用于多台仪器之间通信的 RS-485 总线等。

为适应测量仪器从分立的台式和机架式结构发展成更为紧凑的模块式结构的需要，随着虚拟技术的不断发展，VME 总线在仪器领域的扩展，正发展出一种新型仪器总线——VXI 总线。

2)模块化准则

采用模块化设计准则，就是将整个电路系统分割成几个功能相对独立，而又相互联系的模块。例如可将测控仪器分为主机电路、输入通道、输出通道、人机接口、通信接口和电源等不同的模块。这种模块化设计思想的引入，使得各模块可以分别进行独立设计和调试，在协调好各模块之间的关系后，将研制任务分解，通过团队分工负责，小组（个人）独立设计、独立调试，最后将所有模块合并调试。从而使得传统的流水线式的设计模式得以突破，加快了设计和调试进度，缩短了研发周期。而且采用模块化设计的电路系统易于维护、修改、调试、扩充和移植。

3）标准化准则

标准是以科学、技术、实践经验和综合成果为基础，经有关方面协商一致，由主管机构批准，对重复性事物和概念所做的统一规定，以特定形式发布，作为共同遵守的准则和依据。只有在测控仪器的设计过程中遵循标准化的设计准则，产品才有兼容性和包容性。

4）可靠性准则

可靠性设计是测控仪器设计的重要内容，要提高仪器的可靠性，有两个主要途径：一是在工艺上提高电路系统元器件本身的可靠性，将元器件失效的影响降低到最低程度；二是从仪器结构设计方面入手，提高整体系统的可靠性和合理性，避免设计不当造成可靠性下降。为保证电路系统的可靠性，应当按照最恶劣的情况来进行设计，即考虑所有元器件参数值和电源电压值的公差，并取最不利的数值。此外，合理的抗干扰措施、冗余设计和故障诊断技术，可有效提高系统长期工作的可靠性。

5）通用化准则

通用化与标准化密切相关。仪器产品设计时应以减少与合并产品的型式、尺寸及材料为基础，尽可能使元器件和部件在不同规格的同类产品上通用。

4.2　典型传感器接口电路设计

感知电路是测控仪器的第一个环节，将被测对象、系统或过程中需要观察的信息转化成电信号，转换的相关技术称为传感技术。在测控仪器中最常用的传感技术是将物理量和化学量等非电量转换成电量输出信号。

限于篇幅，本节仅仅讨论为数不多但有“特点”的传感器接口电路，所谓的“特点”是指这些传感器对接口电路有特殊的要求。通过介绍这几种有“特点”的传感器接口电路掌握传感器接口电路的设计方法。

4.2.1　热电阻接口电路

热电阻是一种用于测量温度的传感器，它的阻值随温度变化而变化。测量电阻的方法主要是根据欧姆定律，因而需要恒流源或恒压源作为驱动信号才能进行测量。

由于热电阻本身的阻值较小，随温度变化而引起的电阻变化值更小，因此在传感器与测量仪器之间的引线过长会引起较大的测量误差。在实际应用时，通常采用所谓的两线、三线或四线制的方式，如图 4.2 所示。

1）二线制

二线制的电路如图 4.2(b)所示。这是热电阻最简单的接入电路，也是最容易产生较大误差的电路。图中的两个 R 是固定电阻，R_T 是为保持电桥平衡的电位器，R_t 是热电阻。二线制的接入电路由于没有考虑引线电阻和接触电阻，有可能产生较大的误差。如果采用这种电路进行精密温度测量,整个电路必须在使用温度范围内校准。

2)三线制

三线制的电路如图4.2(c)所示。这是热电阻最实用的接入电路,可得到较高的测量精度。图中的两个R是固定电阻,R_T是为保持电桥平衡的电位器。R_{11},R_{12}和R_{13}分别是传感器和驱动电源的引线电阻,一般说来,R_{11}和R_{12}基本上相等,而R_{13}就不会引入误差。三线制的接口电路由于考虑了引线电阻和接触电阻带来的影响,所以可取得较高的精度。

3)四线制

四线制的电路如图4.2(d)所示。这是热电阻最高精度的接入电路,图中R_{11},R_{12},R_{13}和R_{14}都是引线电阻和接触电阻。R_{11}和R_{14}在恒流源回路,不会引入误差。R_{12}和R_{13}则在高输入阻抗的仪器放大器的回路中,也不会带来误差。

上述三种热电阻传感器的接口电路的输出,都需要后接高输入阻抗、高共模抑制比的仪器放大器。

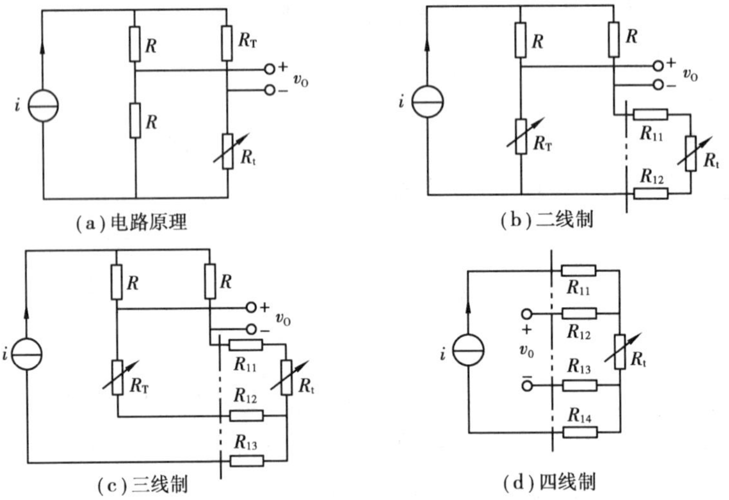

图4.2　热电阻传感器接口电路

4.2.2　电容传感器接口电路

电容传感器是一种传统的传感器,它是一个具有可变参数的电容器,具有结构简单、体积小、分辨率高、可实现非接触式测量的优点。其工作原理基于

$$C = \frac{\varepsilon A}{d} \tag{4.1}$$

式中:ε为电容极板间介质的介电常数;A为两平行极板的面积;d为两平行极板的距离;C为电容量。由于电容传感器是电参量传感器,因而需要驱动信号才能工作。电容传感器的接口电路常用如下的形式:桥式电路、谐振电路、调频电路、运算电路、二极管双T型交流电桥等,这里主要介绍前面两种。

1)电容传感器桥式接口电路

如图4.3所示,传感器接在电桥内,激励源采用稳频、稳幅和固定波形的低阻信号源电桥输出电压经放大和相敏整流后得到直流的输出信号。

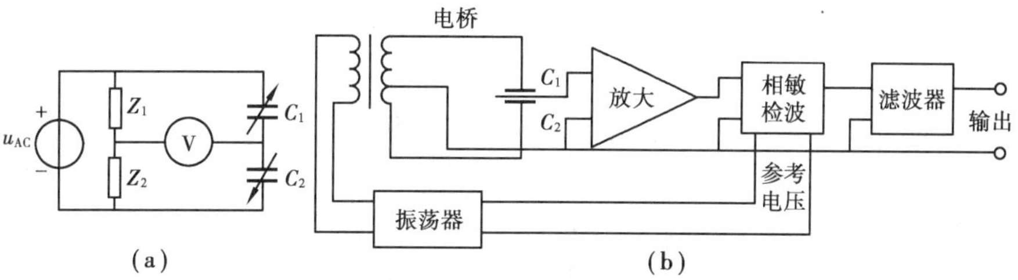

图4.3　电容传感器桥式接口电路

交流电桥平衡时：

$$\frac{Z_1}{Z_2}=\frac{C_2}{C_1} \tag{4.2}$$

式中：C_1 和 C_2 为传感器中的差分电容。

当差分电容中的动极移动 Δd 时，交流电桥的输出电压为

$$u_O=\frac{u_{AC}}{2}\cdot\frac{1+\mathrm{j}\omega\Delta C}{R_0+\dfrac{1}{\mathrm{j}\omega C_0}}=\frac{u_{AC}}{2}\cdot\frac{\Delta Z}{Z} \tag{4.3}$$

式中：R_0 为电容损耗电阻；ΔC 为差分电容的变化量；C_0 为 $C_0=C_1$ 时的电容值；Z 为 C_0 和 R_0 的等效阻抗。

2）**电容传感器谐振式接口电路**

如图4.4所示，振荡器输出高频电压，经变压器给由 L_2，C_2 和 C_3 构成的谐振回路供电，振荡回路的电压经整流和放大后，再由仪表测出。

当传感器中电容 C_3 值发生变化时，谐振回路的阻抗发生相应的变化引起整流器电流的变化，该电流经过放大后，即可反映位移的变化。

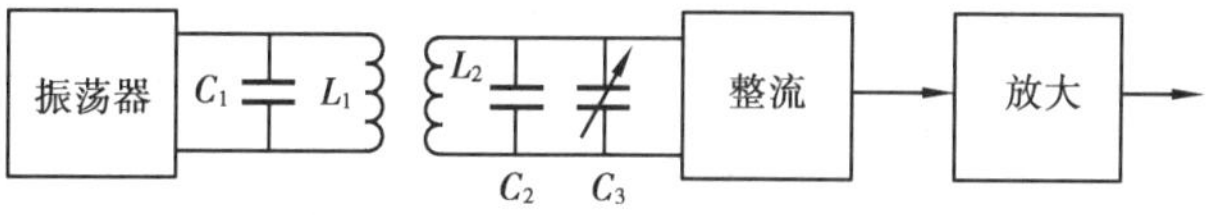

图4.4　电容传感器谐振式接口电路

4.2.3　电位器式传感器接口电路

电位器式传感器的工作原理是一定截面的导线电阻与长度成正比，电位器结构可分为直线式和旋转式。直线式一般用于检测几厘米的直线变位；旋转式一般用于旋转变位的检测，也可利用齿条和小齿轮装置将微小直线变位扩大为旋转变位，用作检测低于几厘米的直线变位。采用电位器检测变位的接口电路如图4.5所示，若设负载电阻为 R_L，R_L 两端的电压为 V_X，L 为导线总长度，X 为电位器当前导线长度，则：

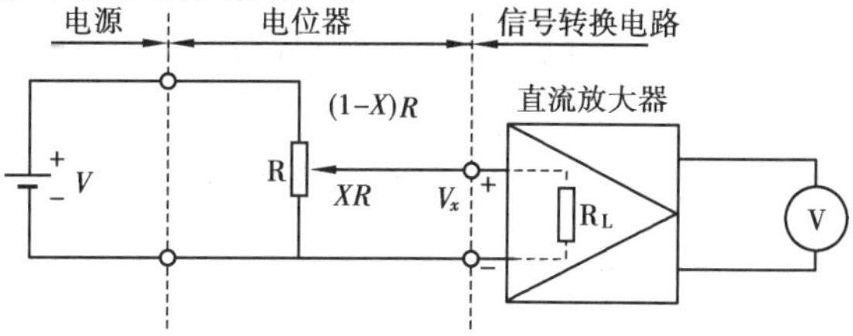

图4.5　电位器式传感器接口电路

$$V_X = \frac{V \cdot X \cdot R \cdot R_L}{R \cdot R_L + (1-X)X \cdot R^2} \tag{4.4}$$

因此,负载的端电压 V_X 与负载电阻 R_L 有关,偏离理想特性 $V_X = X \cdot V$ 的现象叫做电位器的负载效应,使用电位器时对此要注意。因而,在检测电路中,通常将输入阻抗(从电位器角度来说的负载电阻)大于电位器电阻 R 十倍以上的直流放大器用作阻抗转换器。

另外,由于上述电位器为直接接触方式,故不适宜测量频率高的动态变化。对此,近几年来研制出了无接触式电位器,并正向产品化方向发展。

4.2.4 差分变压器式传感器接口电路

差分变压器式位移传感器是将被测位移量转换为变压器线圈的互感变化。差分变压器的灵敏度高、线性好,但存在零点残余电压。为消除零点残余电压和反映铁芯移动的方向,差分变压器的接口电路经常采用差分整流电路或相敏检波电路。

1)差分整流电路

图4.6是差分变压器传感器最常用的接口电路。把差分变压器的两个二次电压分别整流后,以它们的差作为输出,这样就不必考虑二次电压的相位和零点残余电压。

图4.6(a)和图4.6(b)是电流输出型,适用于连接低阻抗负载的场合。图4.6(c)和图4.6(d)则是电压输出型,主要应用于连接高阻抗负载的场合。

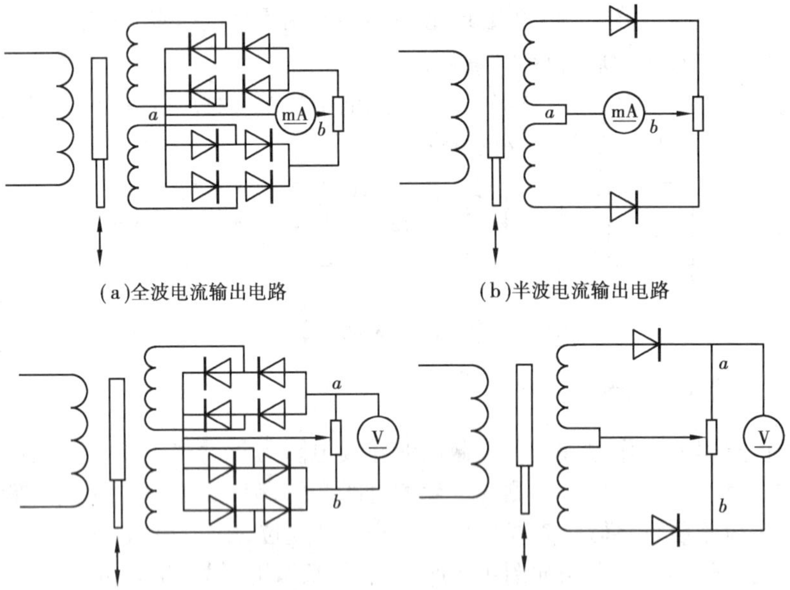

(a)全波电流输出电路

(b)半波电流输出电路

(c)全波电压输出电路

(d)半波电压输出电路

图4.6 差分变压器的差分整流电路型接口电路

2)相敏检波电路

图4.7为差分变压器的二极管相敏检波电路。其中,V_1 为差分变压器的驱动信号,V_2 为同频的参考信号,且 V_{21} 和 V_{22} 比 V_{11} 和 V_{12} 足够大。

当测头处于平衡位置,即 $V_{11} = V_{12}$。由于 V_2 的作用在正半周时,D_1,D_2,D_3 和 D_4 处于正向偏置,由于 $V_{11} = V_{12}$,只要 $V_{21} = V_{22}$,D_1,D_2,D_3 和 D_4 的性能相同,电流表的电流就为0。在负

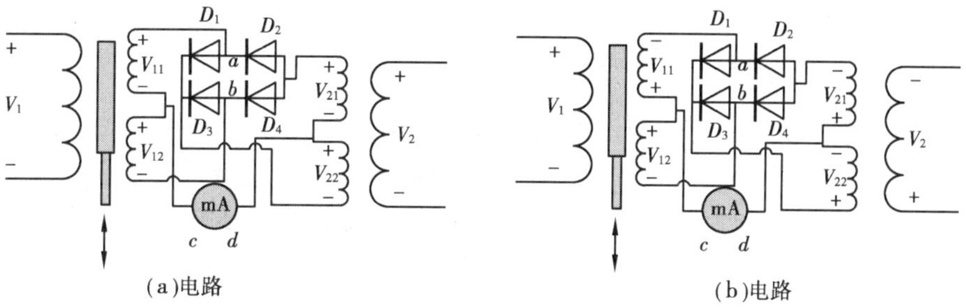

图 4.7　差分变压器的二极管相敏检波电路

半周时，D_1，D_2，D_3 和 D_4 均处于反向偏置，流过电流表的电流也为 0。

如果将图中的 D_3 和 D_4 同时反向，则电路仍然可以实现相敏检波的功能。

4.2.5　压阻式压力传感器接口电路

压阻式压力传感器是利用晶体的压阻效应制成的传感器，一般由恒流源或恒压源供电，使用恒流源供电时，电桥输出只受电桥电流 i 和 ΔR 的影响。而使用恒压源供电时，电桥的输出受 ΔR、电桥电压 V 和 ΔR_t 的影响，增加了温度误差，所以一般均采用恒流源给传感器供电。

图 4.8 是压阻式传感器的典型接口电路，该电路由 A_1，D_{Z1}，T_1 和 R_1 构成恒流源电路对电桥供电，输出 1.5 mA 的恒定电流。

为了保证测量电路的精度，在测量电路中设置了由二极管 D 和放大器 A_2 组成的温度补偿电路，其原理是利用硅二极管对温度敏感而作为温度补偿元件，调节 R_{P1} 可获得最佳的温度补偿效果。

运放 A_3 和 A_4 组成两级差分放大电路，放大倍数约为 60，并由 R_{P2} 来调节增益的大小。

若传感器在零压力时，测量电路的输出不为零，这时要在电路中增加零输出调整电路。如图 4.8 所示，调节 R_{P1} 的大小，以达到使传感器在零压力时输出为零。

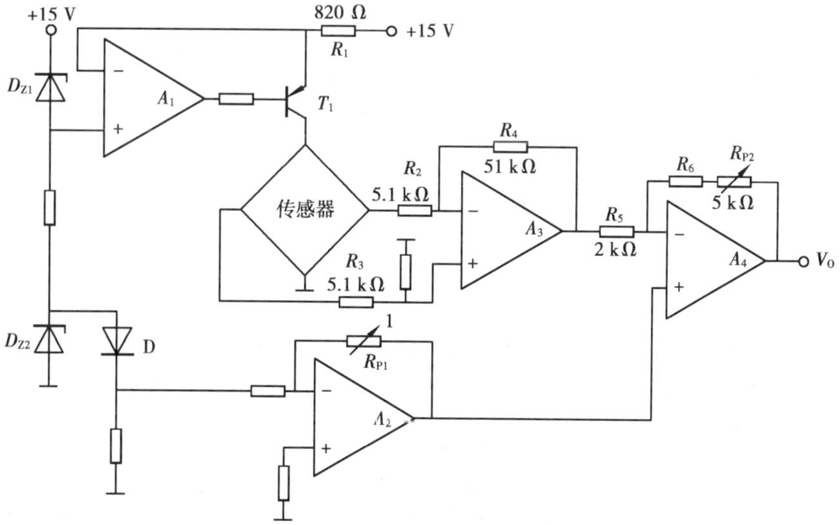

图 4.8　压阻式传感器接口电路

4.2.6 压电晶体传感器接口电路

石英晶体、压电陶瓷和一些特殊材料在外界机械力的作用下，内部会产生极化现象，导致其上下表面出现电荷，当去掉外压力时电荷立即消失，这种现象就是压电效应。压电式加速度传感器是灵敏度很高的容性传感器，它常配以电荷放大器和电压放大器，其电路如图 4.9 所示。

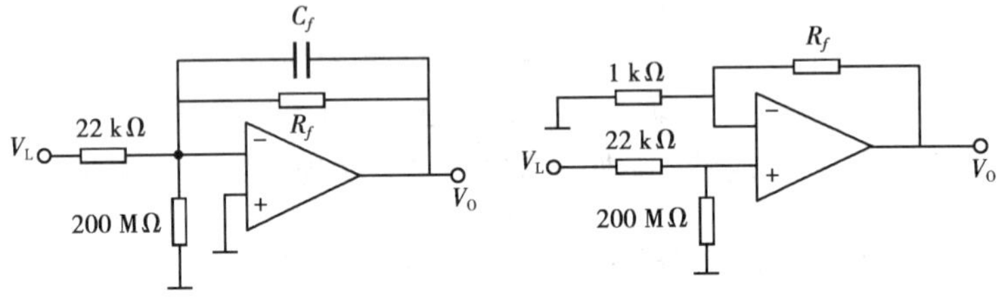

(a)电荷放大器　　(b)电压放大器

图 4.9　压电晶体传感器接口电路

由于电荷放大器频带宽，增益由负反馈电路中的电容 C_f 决定，输出电缆的电容对放大器无影响，输出电压为 $V_0 = -q/C_f$，在实际应用时，主要采用电荷放大器，但传感器在过载时，会有很大的输出，所以在放大器的输入需加保护电路。

4.2.7 光电二极管接口电路

光电二极管的作用是将输入光量的变化转换为电量的变化。光电二极管是一种基本的敏感元件，它不仅可以直接测量光强，也可以与二次转换元件，如光纤等配合用于测量其他物理量或化学量。

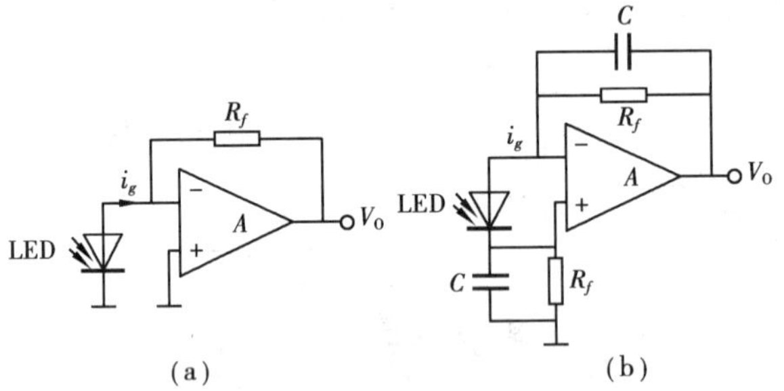

(a)　　(b)

图 4.10　光电二极管接口电路

由于光电二极管的输出短路电流与输入光强有极好的线性关系，因此，为得到良好的精度和线性，光电二极管通常都采用电流/电压转换电路作为接口电路，如图 4.10(a)所示。不难得出，电路的输出为：

$$V_O = -i_g R_f \tag{4.5}$$

为了抑制高频干扰和消除运放输入偏置电流的影响，实际应用电路如图 4.10(b)所示。

OTP301 是一种集成化的光电传感器，其内部的结构如图 4.11 所示。采用集成化的光电传感器可以大幅度简化电路、提高系统的抗干扰能力和性能。

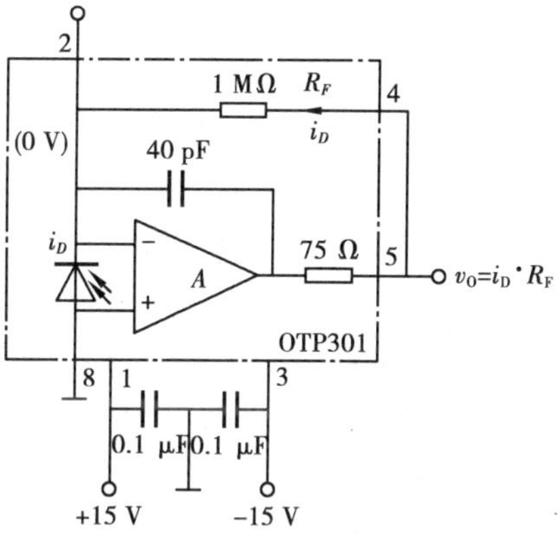

图4.11　集成化的光电传感器 OTP301 内部结构

4.3　中央处理模块设计

4.3.1　以计算机为核心的中央处理系统

1)特点与功能

在测控仪器电路系统中,中央处理系统属于信息处理单元。其作用是对测量电路送来的信号进行运算、处理、显示、存储、打印等,然后按照仪器的功能要求发出控制命令,并通过控制电路和执行器对被控对象实行控制。

计算机技术的引入,为测控仪器带来了新的特点和功能:

(1)自动对零功能　在每次采样前对传感器的输出值自动清零,从而大大降低了因仪器漂移变化造成的误差。

(2)自动量程切换功能　可根据测量值和控制值的大小改变测量范围和控制范围,在保证测量和控制范围的同时提高分辨率。

(3)多点快速测控　可对多种不同参数进行快速测量和控制。

(4)数字滤波功能　利用计算机软件对测量数据进行分析,可抑制各种干扰。

(5)自动修正误差　许多传感器和控制器的特性是非线性的,且受环境参数变化的影响比较严重,从而给仪器带来误差。采用计算机技术,可以依靠软件进行在线或离线修正。

(6)数据处理功能　利用计算机可以实现传统仪器无法实现的各种复杂的处理和运算功能,比如统计分析、检索排序、函数变换、差值近似、频谱分析等。

(7)复杂控制规律　利用计算机技术不仅可以实现经典 PID 控制,还可以实现各种复杂的控制规律,例如自适应控制、模糊控制等。

(8)多媒体功能　利用计算机的多媒体技术,可以使仪器具有声光和语音等功能,增强仪器的个性和特色。

(9)通信或网络功能　利用计算机的数据通信功能,可以大大增强仪器的外部接口功能和数据传输功能。

(10)自我诊断功能　采用计算机技术后,可对仪器进行监测,一旦发现故障则立即进行报警,并可显示故障部位或可能的故障原因,对排除故障的方法进行提示。

2)中央处理系统的组成

从中央处理系统的物理结构上看,计算机内含于测控仪器,计算机的各种硬件及其相关部件是测控仪器的组成部分。但是从计算机的组成观点来看,计算机以外的所有部件都是计算机的外围设备。因此,以计算机为核心构成的中央处理系统具有典型的计算机组成结构特点,一般由主机电路、输入接口电路和输出接口电路三部分组成,如图4.12所示。

输入接口电路的作用是将各种外来信号转变为计算机能够识别的数字信号,其中的开关量信号来自测量电路或控制面板;模拟量信号主要来自测量电路,需进行模/数转换变为数字量;外部通信数据主要来自其他外围设备或网络。

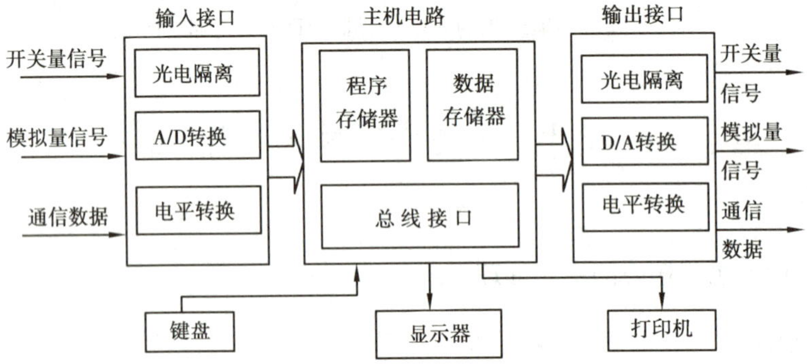

图4.12　中央处理系统组成框图

输出接口电路的作用是将计算机的数字信号转变为控制信号,并输送至相应的控制执行机构。其中的开关量信号可用于控制设备的启动/停止、电路的通断、指示灯的亮灭等;经过数/模转换后的模拟量信号可用于控制外部执行设备(如伺服电动机、调速器等);外部通信数据主要向其他外围设备或网络发送信息。同输入接口电路一样,输出接口电路也需要通过光电隔离电路进行隔离,降低外部信号对计算机系统的反馈干扰。

目前组成测控仪器中央处理系统的计算机主要有微处理器(单片机,ARM,DSP)与微型计算机两种。由微处理器构成的主机系统,通常由微处理器和外围电路构成。由微型计算机构成的主机系统,一般直接采用计算机的主机,可充分利用计算机的软硬件资源。

4.3.2　基于单片机的主机电路

1)单片机的特点与功用

单片机是指在一块芯片上集成了计算机的基本部件,包括中央处理器(CPU)、存储器(RAM/ROM)、输入/输出接口(I/O)、计数器/定时器以及其他有关部件。一块芯片就构成一台计算机,单片机具有以下特点:

(1)可靠性高　使系统整体可靠性大大提高。

(2)易扩展　很容易构成各种规模的计算机应用系统。

(3)控制功能强　单片机的指令系统具有极为丰富的处理功能。

(4)存储器容量小　一般ROM为几千字节,RAM仅有几百字节,经扩展后也只能达到几十千字节。

(5)体积小　可以形成便携式仪器,携带和使用非常方便。

由此可见,单片机特别适用于小型测控仪器和便携式测控仪器的设计。

2)由单片机构成的主机电路

以单片机为核心的中央处理系统的设计,应将单片机作为一个芯片,同主机电路的其他芯片有机结合起来,从而构成一体化的中央处理系统。由于单片机内部的存储器容量和 I/O 端口能力有限,因此基于单片机的主机电路系统的主要任务是对单片机的存储器和端口进行扩展。下面以 MCS-51 系列单片机的 8031 为例,介绍主机电路的设计。

图 4.13 为采用 8031 单片机构成的主机电路系统,用 1 片 EPROM2764 将程序存储器的容量扩展至 8 K,用 2 片 RAM6116 将数据存储器的容量扩充至 4 K,用 1 片 8155 可编程接口芯片将 I/O 端口扩展 3 个并行双向端口。

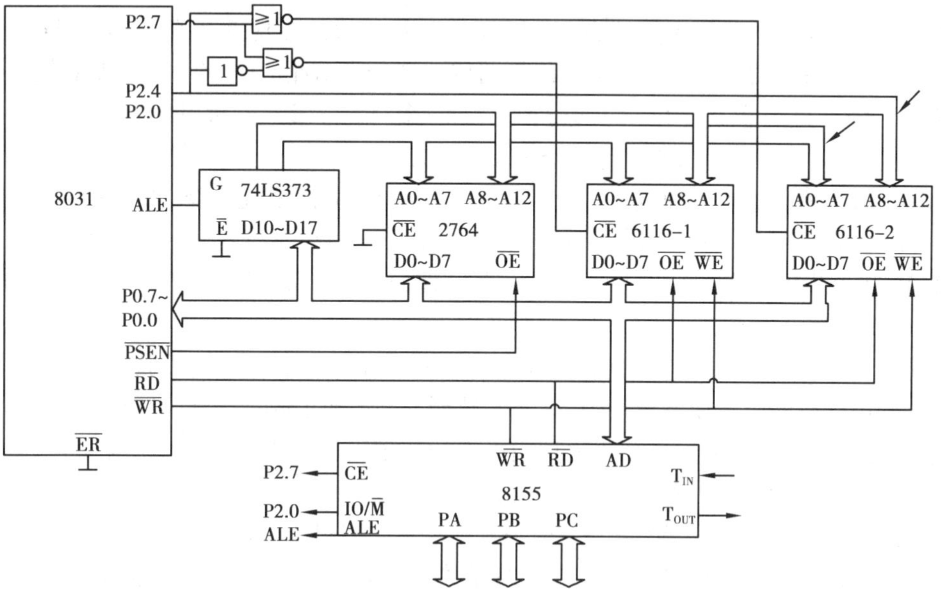

图 4.13　由 8031 构成的单片机主机电路

3)显示、键盘及打印机接口

单片机本身不具备显示、打印和直接接受操作指令的功能,因此,由单片机构成的中央处理系统一般还需增加显示、打印、通信和键盘等电路,以扩展仪器的人机对话功能。

(1)显示器接口

测控仪器常用的显示器有:发光二极管显示器(LED)、液晶显示器(LCD)和 CRT 等。

单个发光二极管常用作指示灯,指示工作状态、报警等,LED 发光二极管可以通过门电路直接驱动点亮。图 4.14 为分别采用高电平和低电平驱动发光二极管的电路,用低电平驱动发光二极管的亮度大于用高电平驱动的发光二极管亮度。

7 段 LED 显示器由 7 个发光二极管显示 0 ~ 9 数字和一些字母或字符,由 1 个发光二极管显示小数点。

将数据和字符转换成相应的 7 段代码,可采用硬件译码和软件译码的方法来实现。为了方便显示器与单片机的接口,可选用能输出 7 段代码的译码/驱动集成电路,用硬件译码电路实时性好,但电路复杂,成本较高。在智能仪表中通常采用简便易行的软件法进行译码,即用

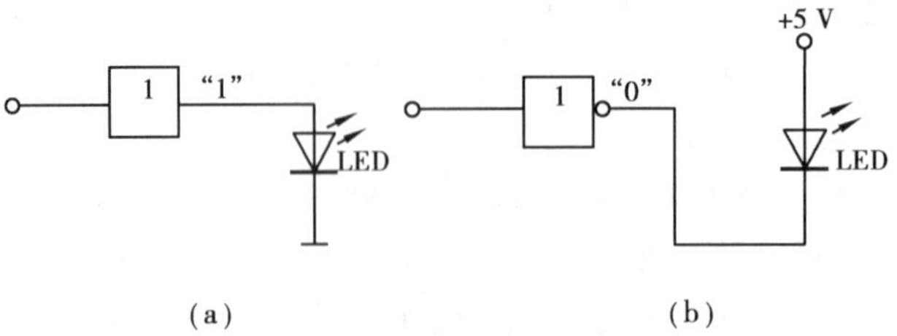

图 4.14　LED 的驱动

软件查表将字符转换成 7 段代码,再输出至锁存器。

LED 显示器的驱动方式有两种,静态驱动方法:对要显示段始终通以额定电流。动态驱动方法:对要显示段通以矩形脉冲电流。为保证足够的显示亮度,应施加脉冲电流幅度为额定电流的数倍。为实现这种显示方式,各位 LED 数码管的段选端应并接在一起,由同一个 8 位 I/O 口或锁存器/驱动器控制,而各位数码管的位选端分别由相应的 I/O 口线或锁存器控制。

点阵式 LED 显示器一般由一定的行和列(如 7 行 5 列)发光二极管组成,可以显示大、小写字母、数字和文字。可显示的字符种类较多, 而且字型逼真,但控制复杂。

液晶显示器可以显示各种数字、字符和图形,显示内容丰富,适于人机界面要求比较高的场合。LCD 具有耗电低(mW/cm^2),驱动电压低,结构空间小而有效显示面积大、体薄物轻等优点,是智能化测控仪器常用的显示器之一,其工作原理与 LED 显示器的静态显示方式相近。

(2)键盘接口

目前常用按键有三种:机械触点式、导电橡胶式和柔性按键(又称轻触键盘)。机械触点式按键是利用金属的弹性使按键复位,具有手感明显,接触可靠的特点;导电橡胶按键则是利用橡胶的弹性复位,通常采用压制方法把面板上的按键制成一块,体积小,装配方便;柔性按键是近年来得到迅速发展的一种新型按键,可分为凸球型和平面型两大类。

键盘是开关(按键)的集合,可分为编码式键盘和非编码式键盘 2 种。

非编码式键盘电路结构可分为独立键盘结构和矩阵键盘结构。独立按键结构如图 4.15 所示,图中每个按键单独占用一根 I/O 口线,每根 I/O 口线上的按键工作状态不会影响其他 I/O口线上的状态。

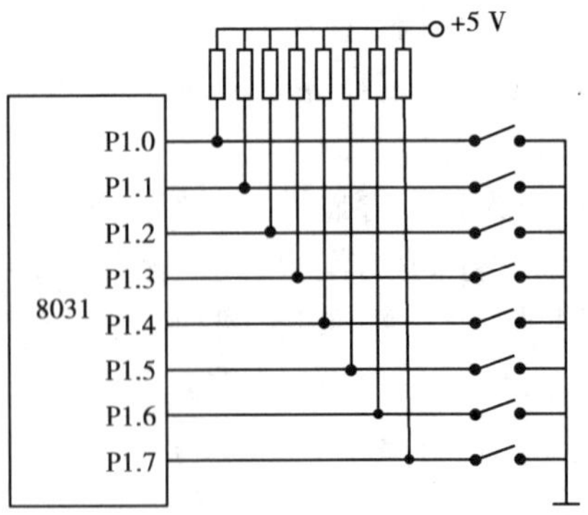

图 4.15　独立键盘结构图

矩阵键盘结构如图 4.16 所示,按键排列为行列式矩阵结构。4 行 4 列共 16 个按键,只占用 8 根 I/O 口线,可以节省 I/O 口线,但这种结构的键盘软件设计较复杂。

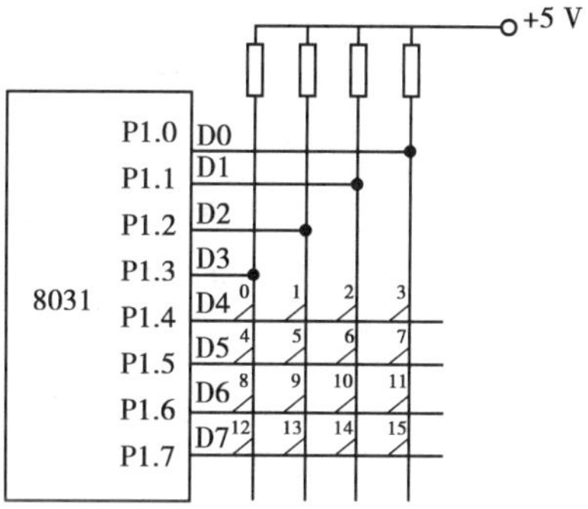

图 4.16　行列扫描式键盘结构图

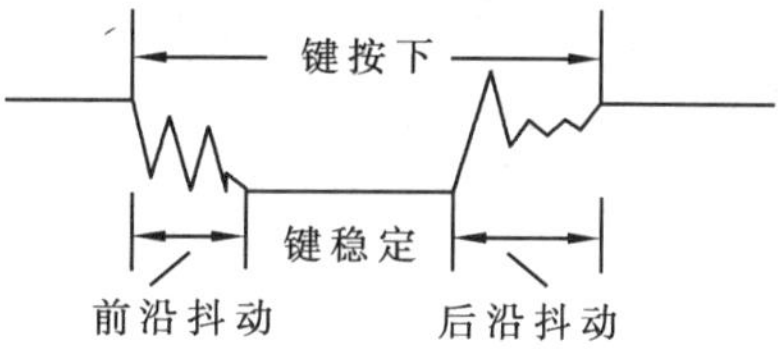

图 4.17　键抖动示意图

为了快速可靠地实现键处理任务,在电路或软件方面还应该妥善解决以下问题:

键抖动:键触点的闭合或断开瞬间,由于机械触点的弹性作用,会产生短暂的抖动现象,其动作如图 4.17 所示。抖动时间长短与其机械特性有关,一般约为 5 ~ 10 ms,抖动过程引起电平信号的波动,有可能令 CPU 误解为多次按键操作,而引起误处理。常见消除键抖动影响的硬件方法是为每个键增加一个 R-S 触发器。

微机化测控仪器中,任何 I/O 口或扩展口均可构成矩阵式键盘。MCS51 单片机大多采用扩展 I/O 口来构成矩阵式键盘,典型的键盘接口有通用并行扩展 I/O 口、串行 I/O 扩展口和专用键盘芯片如 8279 等。

图 4.18 为利用扩展并行接口芯片 8155 设计的 4 ×8 行列式矩阵键盘原理图。

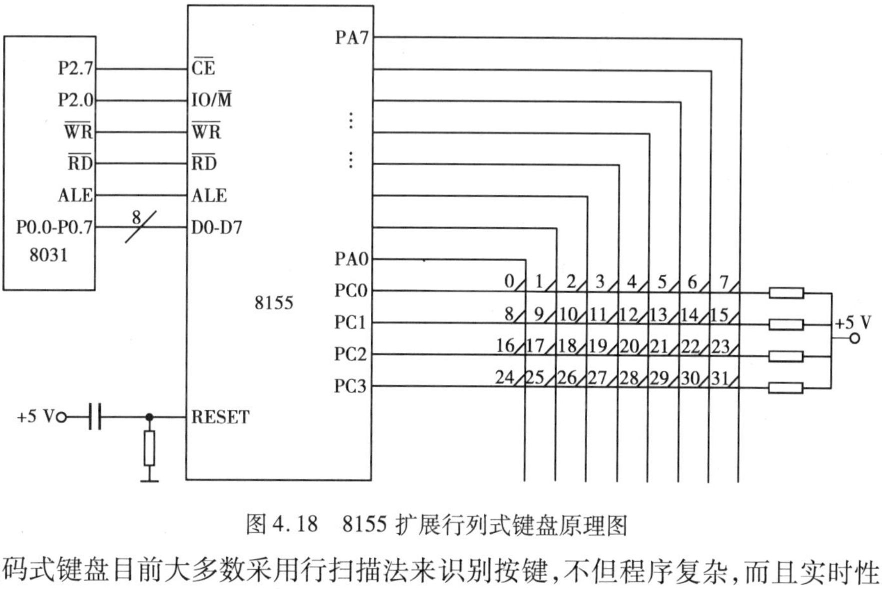

图 4.18　8155 扩展行列式键盘原理图

非编码式键盘目前大多数采用行扫描法来识别按键,不但程序复杂,而且实时性差,效率低,采用编码键盘可以克服这些缺点。

大规模集成电路芯片8279，就是一种可编程键盘/显示器接口芯片。用8279芯片可方便的构造编码式键盘系统，它具有结构简单、功能强、节省时间与节省存储单元等优点。

8279包括键盘与显示两部分。

键盘部分：可以为64个按键的阵列提供扫描；能自动消除键抖动影响；具有对按键同时按下的保护；能把键信息存入8字符先进先出栈；可向CPU发中断请求，得到响应后，使CPU获取按键信息；也可以接受CPU对键信息的查询。

显示部分：有16字节显示RAM，可用于刷新显示；显示RAM可由CPU直接读/写；8279对显示RAM能够以地址自动增1方式进行读/写；显示方式具有从显示器左端或右端送入两种。

8279引脚功能如图4.19所示。与CPU的接口线共15个引脚：D0～D7为双向三态数据总线、$\overline{\text{RD}}$读操作输入端、RESET复位输入端；$\overline{\text{CS}}$片选输入端；CLK时钟输入端；A0数据选择输入端；$\overline{\text{WR}}$写操作输入端；IRQ中断请求输入端。

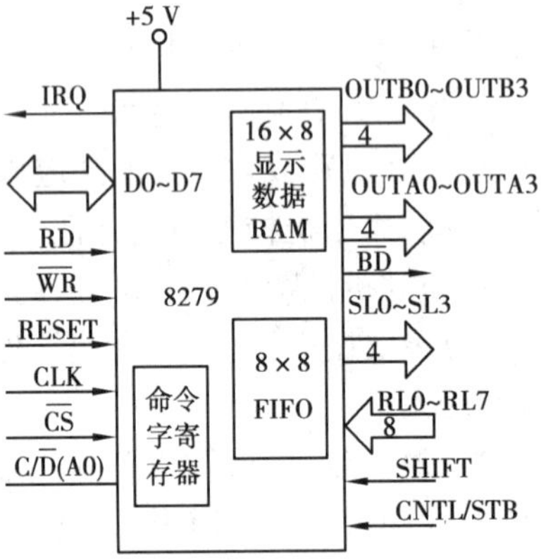

图4.19　8279外部引脚图

与键盘的接口线共14个引脚：

SL0～SL3 扫描输出端，用于扫描键盘和显示器，可以编程设定为编码或译码输出。

RL0～RL7 返回输入端，它们可通过键盘矩阵与扫描线相连，内部电路使其保持高电平，直至有键闭合使相应线拉向低电平。在选通方式下，用做8位输入。

SHIFT 移位输入端，在键盘扫描方式下，它与键代码一起被存储，常用来扩充上下档功能键。在传感器方式和选通方式下，SHIFT无效。

CNTL/STB 控制/选通输入端，在键盘工作方式下，用作输入存储键信息；在选通方式下，用做选通数据存入FIFO RAM；在传感器方式下无效。

OUTA0～OUTA3　A组显示输出端，输出显示数据，多位数字显示时应与扫描线SL0～SL3同步。

OUTB0～OUTB3　B组显示输出端，与A组功能相同，可单独使用，也可以将两组合并使用

$\overline{\text{BD}}$　显示消隐输出端，此外，V_{CC}、V_{SS}为电源和地端。

8279的命令格式：如表4.1所示

表 4.1　8279 命令格式表

命　令	格　式								定　义	
	特征位			D4	D3	D2	D1	D0		
	D7	D6	D5							
键盘/显示方式设置	0	0	0	0	0	0	0	0	8 字符显示，左入口	编码扫描键盘，双键锁定
				0	1	0	0	1	16 字符显示，左入口	译码扫描键盘，双键锁定
				1	0	0	1	0	8 字符显示，右入口	编码扫描键盘，N 键轮回
				1	1	0	1	1	16 字符显示，右入口	译码扫描键盘，N 键轮回
						1	0	0		编码扫描传感器矩阵
						1	0	1		译码扫描传感器矩阵
						1	1	0		选通输入，编码显示扫描
						1	1	1		选通输入，译码显示扫描
程序时钟命令	0	0	1	p	p	p	p	p	对外部时钟的分频数 N = PPPPP，可去 N = 2 - 31	
读 FIFO/传感器 RAM	0	1	0	AI	×	A	A	A	只用于传感器方式；AAA 为传感器 RAM 中 8 个字节地址；AI = 1 时，读出 RAM 后地址自动加 1	
读显示 RAM	0	1	1	AI	A	A	A	A	AAAA 为显示 RAM 地址；AI = 1，读后，地址自动加 1	
写显示 RAM	1	0	0	AI	A	A	A	A	AAAA 为显示 RAM 地址；AI = 1，写后，地址自动加 1	
显示禁止写入/消隐命令	1	0	1	×	IW/A	IW/B	BL/A	BL/B	IW/A（或 IW/B）= 1 禁止向 A（或 B）组显示 RAM 写入 BL/A（或 B）= 1，A（或 B）组显示被消隐	
清除命令	1	1	0	1	0	×			将显示 RAM 全部清零	
					1	0			将显示 RAM 清成 20H（A 组 0010，B 组 0000）	
					1	1			将显示 RAM 全部置 1	
				0					不清除（若 $C_A = 1$，则 D_3，D_2 仍有效）	
							C_F		$C_F = 1$ 使 FIFO RAM 被置空，IRQ = 0。传感 RAM = 读出地址被置零	
								C_A	总清命令位	
结束中断/错误方式设置	1	1	1	E	×	×	×	×	结束传感 RAM 的中断请求，或键盘工作方式下出现多键同时按下时产生中断请求 IRQ	

8279 的状态字：用于键盘方式和选通方式时，指示 FIFO RAM 中字符数以及有无错误发生。

状态字格式：

D7	D6	D5	D4	D3	D2	D1	D0
Du	S/E	O	U	F	N	N	N

Du 显示无效特征位，Du = 1 表示显示无效。当清除显示 RAM 或全清命令未完成时，Du = 1。

S/E 传感器信号结束/错误特征位，当 8279 工作在传感器方式时，若 S/E = 1，表示传感器的最后一个传感器信号已进入传感器 RAM。当 8279 工作在特殊错误方式时，若 S/E = 1，表示出现了多键同时按下错误。

O、U 超出、不足错误特征位，当 FIFO RAM 已装满，其他键数据企图写入 FIFO RAM 时，则使 O = 1。当 FIFO RAM 已置空，CPU 还企图读出时，则使 U = 1。

F　FIFO 满标志位，当 F = 1 时，表示 FIFO RAM 中已满。

NNN 表示 FIFO RAM 中的字符数。

在键盘扫描方式下，8279 的键输入数据格式为：

D7	D6	D5D4D3	D2D1D0
CNTL	SHIFT	SCAN	RETURN

RETURN 为键所在的行号，由 RL0 ~ RL7 状态确定。SCAN 为键所在的列号，由 RL0 ~ RL3 状态确定。SHIFT 为控制键的状态位，常用于上、下档控制键的状态。CNTL 为控制键的状态位，常与其他键连用作为特殊命令。

在传感器方式或选通方式下，8 位输入数据为 RL0 ~ RL7 的状态，其数据格式如下：

D7	D6	D5	D4	D3	D2	D1	D0
RL7	RL6	RL5	RL4	RL3	RL2	RL1	RL0

图 4.20 为 8279 与 4 × 8 键盘、8 位显示器以及 8031 的接口逻辑原理图。图中键盘的行线接 8279 的 RL0 ~ RL3。SL0 ~ SL2 经 74LS138 译码，输出键盘的 8 条列线，SL0 ~ SL2 由 74LS138(2)译码，并经 75451 驱动后，$\overline{BD}$输出到各位显示器的公共阴极。控制 74LS138(2)的译码，当位切换时，输出低电平，使译码器输出全为高电平。

(3)打印机接口

打印机是测控仪器的常用设备之一。目前测控仪器中采用的打印机主要有微型点阵式打印机、普通点阵式打印机、喷墨打印机、激光打印机等。微型点阵打印机主要用于基于单片机的测控仪器，可打印简单的数字、字符或小型简略图形，但打印速度慢，噪声大，效率低。而普通的点阵打印机、喷墨打印机和激光打印机一般与微型计算机相连接。

GP16 打印机的接口信号如表 4.2 所示。

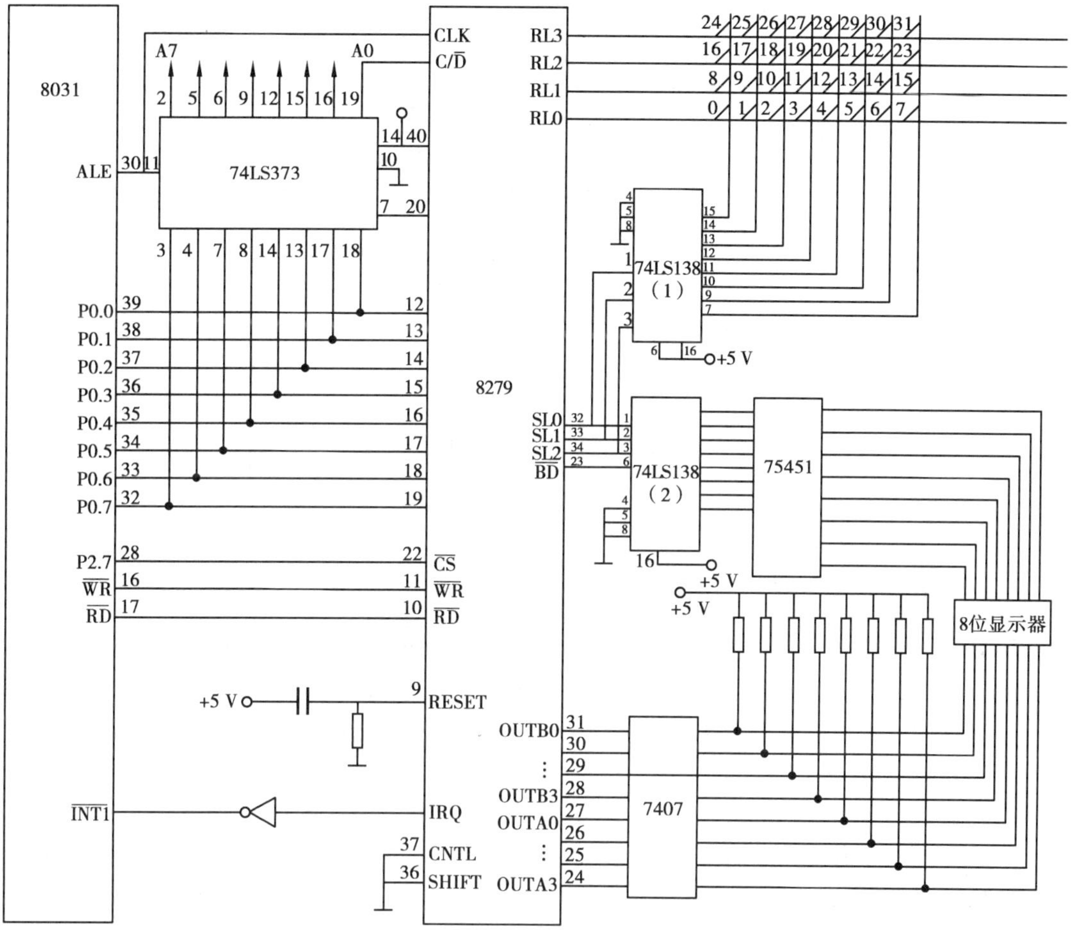

图 4.20　8279 键盘及显示接口原理图

表 4.2　打印机接口信号表

1	2	3	4	5	6	7	8	9	10	11	12	13	14	15	16
+5 V	+5 V	IO.0	IO.1	IO.2	IO.3	IO.4	IO.5	IO.6	IO.7	$\overline{CS}$	$\overline{WR}$	$\overline{RD}$	B	地	地

表中：

IO.0～IO.7：双向三态数据总线，是 CPU 与 GP16 打印机之间的命令、状态和数据信息传输线。

$\overline{CS}$：设备选择线。

$\overline{RD}$ $\overline{WR}$：读写信号线。

BUSY：打印机状态输出线，BUSY 输出高电平表示 GP16 处于忙状态，不能接收 CPU 命令或数据。BUSY 状态输出线可供 CPU 查询或作 CPU 中断请求线。

由于 GP16 控制器具有数据锁存器，所以与单片机接口十分方便，接口如图 4.21 所示。

图中 BUSY 接 INT1（P3.3）因此，不改变连接方法即能用于中断方式（INT1）或查询方式（P3.3）。如果使用其他 I/O 口或扩展 I/O 口，只需将 P0 口线换成其他 I/O 口或扩展 I/O 口即可。

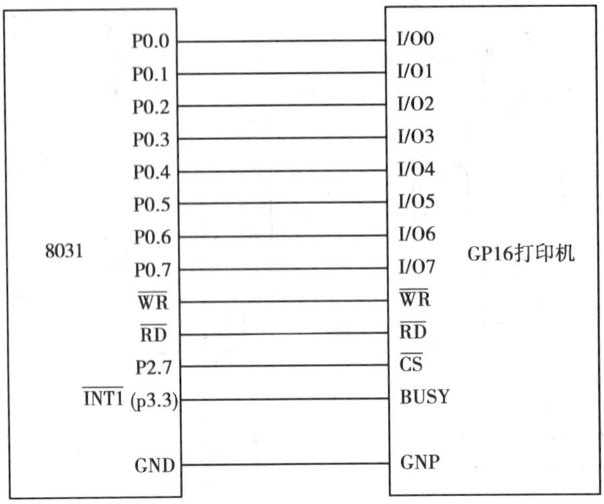

图 4.21　打印机接口原理

4.3.3　基于微型计算机的主机电路

基于微型计算机的主机电路目前主要采用个人计算机(Personal Computer,简称 PC)来实现。由于 PC 的不断普及,基于 PC 的个人仪器也得到迅速发展。其特点是使用灵活,应用广泛,可充分利用 PC 机软硬件资源,通过软件更新可以方便地进行仪器的升级换代。

基于 PC 机的测控仪器中央处理系统可分为内插式、外插式和组合式三种。

1) 内插式

内插式测控仪器构成如图 4.22 所示,它将输入或输出接口电路制成插板直接插入 PC 机主机箱的扩展槽内,通过计算机系统总线与 CPU 交换信息。测量信号通过插板与计算机打交道,主机与控制电路之间也是通过插板进行联系。内插式测控仪器的特点是构成简便,结构紧凑,成本低廉。由于 PC 机的扩展槽数量有限,且显示卡、声卡、网卡等均会占用微机扩展槽,因此可用于输入/输出接口的扩展槽较少,灵活性较差。

由内插式主机系统构成的测控仪器从外观上看与一般的个人计算机并无明显区别,操作者可通过键盘和鼠标向主机系统发出控制命令和进行各种操作。测量结果及控制状态等信息可通过计算机的显示器显示,并可利用计算机的硬盘存储测量及处理结果。

需要注意的是,在设计内插式测控仪器时应注意可用的扩展槽的总线形式(ISA 总线、VESA 总线、PCI 总线或 AGP 总线),以便正确设计接口电路的总线结构。

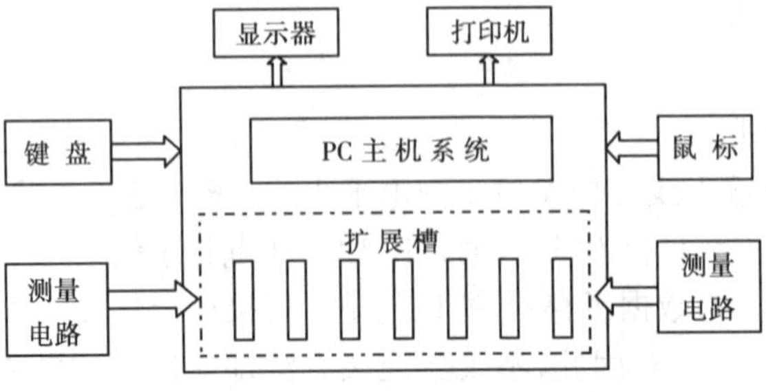

图 4.22　内插式测控仪器构成

2)外接式

外接式测控仪器构成如图4.23所示,它将输入与输出接口安装于PC机箱外部独立的专用机箱中,并通过外部总线(如RS-232C串行总线或IEEE-488并行总线等)与PC机通信和传递数据。外接机箱可独立供电,且不受PC机总线的限制,必要时可以有自己的微处理器和总线结构,其特点是灵活方便,适用于多通道、高速数据采集或一些特殊场合的测控要求。

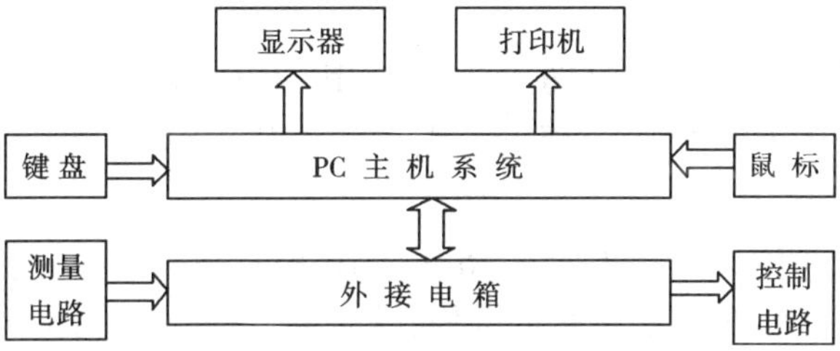

图4.23　外接式测控仪器构成

在外接式测控仪器中,外接电箱可以根据测控仪器的不同功能要求单独设计,也可以购置通用电箱和处理系统。而PC机既可以用于本测控仪器专用,也可以兼作它用或同时管理多个测控仪器和相关设备,因而具有极大的灵活性。

3)组合式

组合式系统将内插式和外接式两种方式有机结合,兼有两种方式的优点,其结构如图4.24所示,输入与输出接口安装于PC机箱外部一个独立的专用机箱中,同时在PC机内部扩展槽内也安装有接口板,测量信号和控制信号通过外接电箱后,再经过接口板与计算机交换数据。组合式系统的特点是灵活方便,适用范围广。

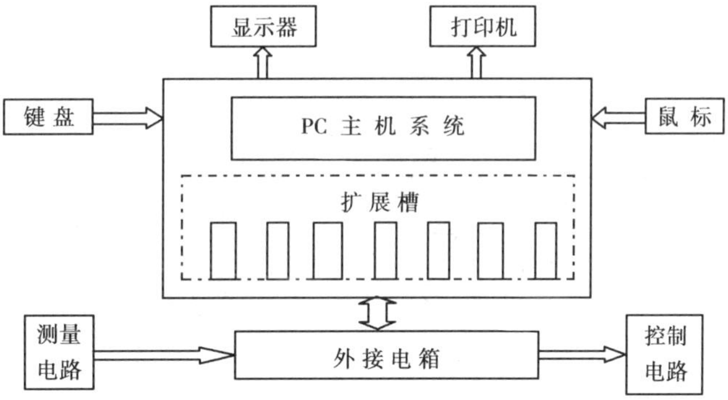

图4.24　组合式测控仪器结构

4.4　输入输出通道及通信接口设计

4.4.1　模拟输入通道

1)模拟输入通道的基本类型与组成结构

模拟输入通道是微机化测控仪器中被测对象与微机之间的联系通道,一般说来,模拟输入通道由信号调理电路、数据采集电路组成。

按照系统中数据采集电路是各通道共用还是每通道各用一个,多路模拟输入通道可分为集中采集式(简称集中式)和分散采集式(简称分布式)两大类型。

(1)集中采集式

集中采集式多路模拟输入通道的典型结构有分时采集型和同步采集型两种,分别如图4.25(a)和(b)所示。

分时采集型多路模拟输入通道见图4.25(a),其特点是多路信号共用一个采样/保持器(S/H)和A/D电路,简化了电路结构,降低了成本。适用于多数中低速测控仪器,但对于要求多路信号严格同步采集测试的系统是不适用的。

同步采集型多路模拟输入通道见图4.25(b),其特点是在多路转换开关之前,给每路信号通路各加一个采样/保持器,使多路信号的采样在同一时刻进行,即同步采样。

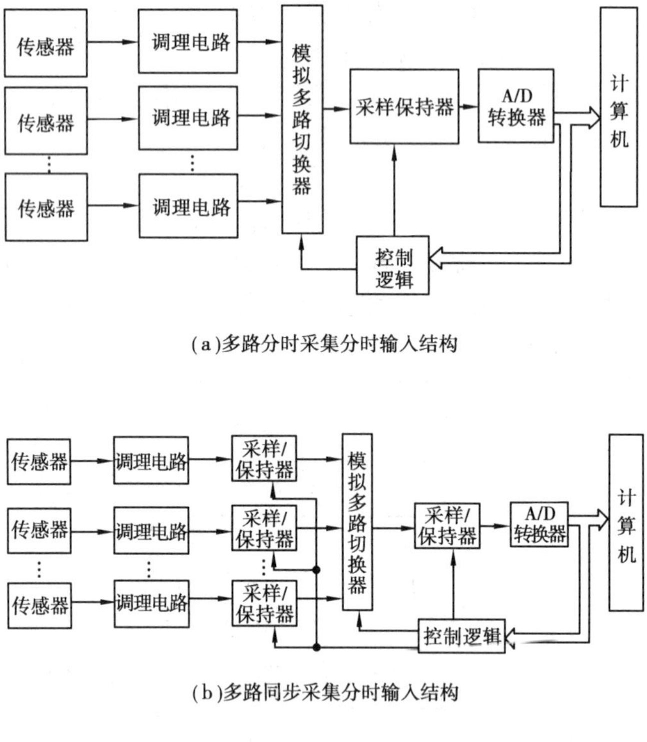

图4.25　集中采集式模拟输入通道典型结构

(2)分散采集式(分布式)

分散采集式的特点是每一路信号都有一个S/H和A/D,因而也不再需要模拟多路切换器。每一个S/H和A/D只对本路模拟信号进行数字转换即数据采集,采集的数据按一定顺序输入计算机,如图4.26所示。

2)信号调理电路的参数设计和选择

在一般测量电路中信号调理的任务较复杂,除了小信号放大、滤波外,还有诸如零点校正、线性化处理、温度补偿、误差修正和量程切换等,这些操作统称为信号调理(Signal Conditioning),相应的执行电路统称为信号调理电路。

信号输入通道中的信号调理重点为小信号放大、信号滤波以及对频率信号的放大整形等。

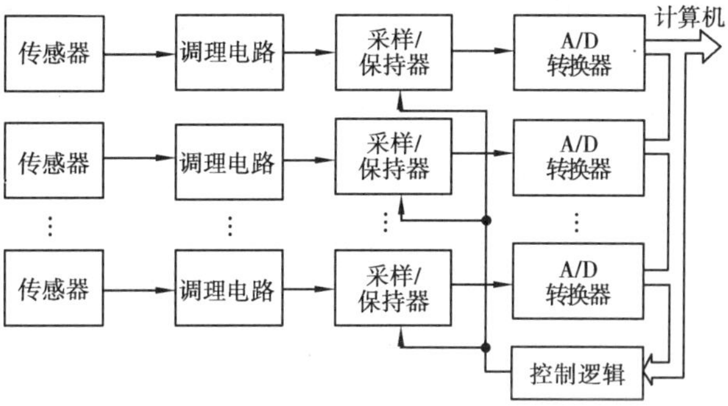

图 4.26　分散采集式模拟输入通道结构

典型的信号调理电路组成如图 4.27 所示。

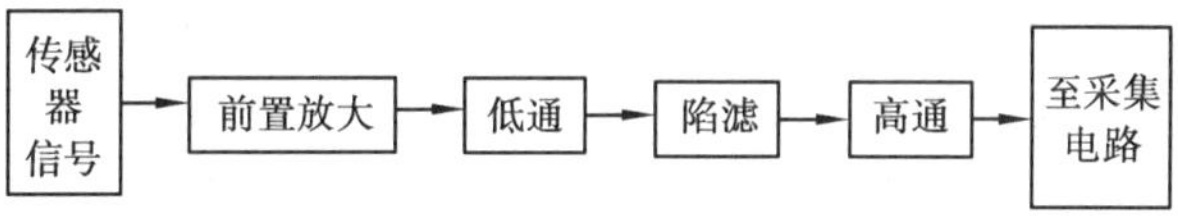

图 4.27　典型调理电路的组成框图

(1)前置放大器

多数传感器输出信号都比较小,为了不使小信号被电路噪声所淹没,必须在信号调理前加一级低噪声前置放大器,如图 4.28 所示。图中前置放大器的增益为 K_0,本身的等效输入噪声为 V_{IN0}。

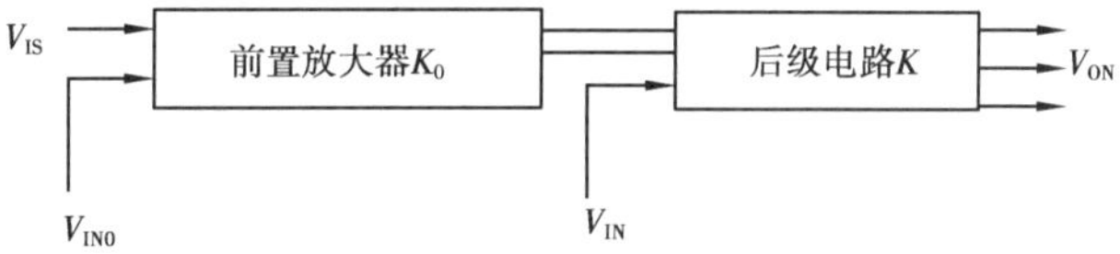

图 4.28　前置放大器

为了减小体积,调理电路中的滤波器大多采用 RC 有源滤波器,由于电阻元件是电路噪声的主要根源,因此,RC 滤波器产生的电路噪声比较大。如果把放大器放在滤波器后面,滤波器的噪声将会被放大器放大,使电路输出信噪比降低,如图 4.29(a),(b)所示。

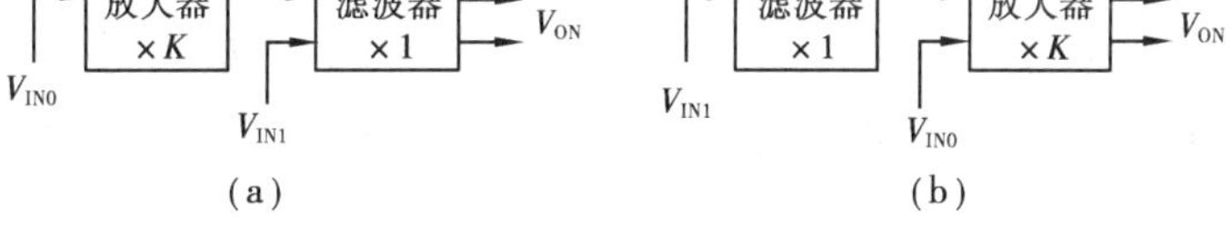

图 4.29　两种调理电路的对比

调理电路中放大器设置在滤波器前面有利于减少电路的等效输入噪声,提高了电路接收弱信号的能力。

(2)滤波器

为了使调理电路的零漂电压不会随被测信号一起送到采集电路,通常在调理电路与采集电路之间接入隔直电容 C 和电压跟随器,如图 4.30 所示。隔直电容 C 与电压跟随器输入电阻 R_i 形成一个 RC 高通滤波器,其截止频率为

$$f_L = \frac{1}{2\pi R_i C} \tag{4.6}$$

由于 C 和 R_i 很大,所以 f_L 很低,甚至不到 1 Hz,对一般的低频干扰并不起作用。有些仪器例如地震记录仪,需要滤除低频干扰,在调理电路中设置了专门的高通滤波器。其截止频率应高于需要滤除的干扰频率。一般比式(4.6)计算值高得多。在这种情况下,调理电路通频带的下限频率就由该高通滤波器决定,而不由式(4.6)决定。

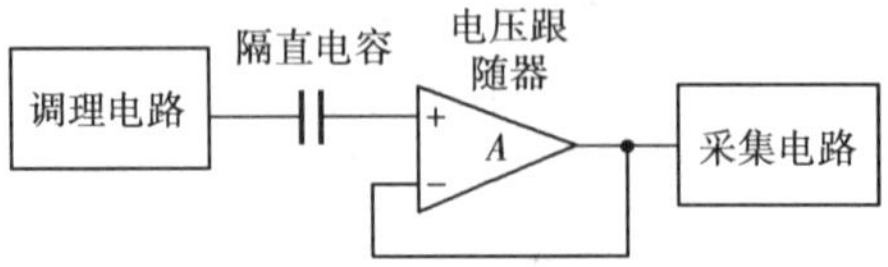

图 4.30　隔直滤波器电路

3)采集电路的参数设计和选择

采集电路是实现模拟信号数字化的电路,其核心是 A/D 转换器。在集中采集式测量通道中,A/D 转换器前面都设置模拟多路切换器 MUX,以便从多路模拟信号中选取一路进行 A/D 转换。若被测模拟信号为恒定或缓变信号,则可以直接进行 A/D 转换,如图 4.31(a)所示。如果被测模拟信号为动态信号,那就必须在 MUX 与 A/D 之间设置采样保持器 S/H,如图 4.31(b)所示。S/H 在 MUX 的闭合期间采样,在 S/H 保持期间进行 A/D 转换。如果各路模拟信号幅度互不相同或者模拟信号幅度随时间变化很大,就必须在 S/H 与 MUX 之间设置程控增益放大器 PGA 或瞬时浮点放大器 IFP 作为主放大器,如图 4.31(c)所示。

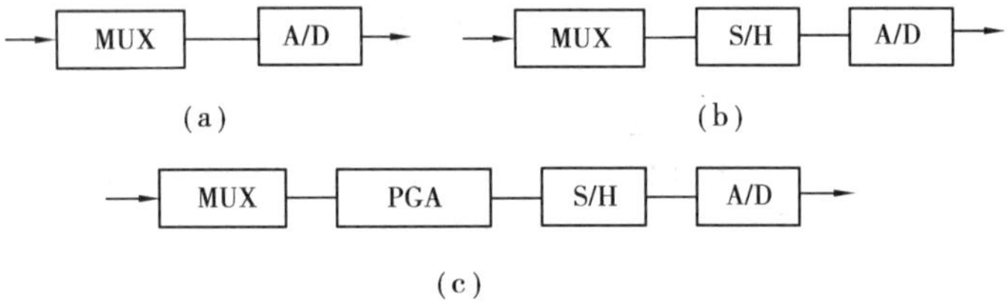

图 4.31　采集电路的基本组成

(1)A/D 转换器的选择要点

A/D 转换器是数据采集电路的核心部件,正确选用 A/D 转换器是提高数据采集电路性能价格比的关键,以下几点应着重考虑:

①转换位数

A/D 转换器的位数不仅决定采集电路所能转换的模拟电压动态范围,也在很大程度上影响采集电路的转换精度。因此,应根据对采集电路转换范围与精度两方面要求进行选择。

②转换速度

A/D 转换器从启动转换到转换结束输出稳定的数字量,需要一定的时间,这就是 A/D 转换器的转换时间,不同原理的 A/D 转换器转换时间大不相同,应根据被测信号的频率及测量要求来选择。

③环境条件

根据环境条件来选择合适的 A/D 转换器芯片,要考虑如工作温度、功耗、可靠性等级等性能参数。

④选择 A/D 转换器的输出状态

根据计算机接口特性,考虑如何选择 A/D 转换器的输出状态。例如,A/D 转换器是并行输出还是串行输出(串行输出便于远距离传输);是二进制码还是 BCD 码输出(BCD 码输出便于十进制数字显示)；是否需要外加时钟；有无转换结束状态信号；有无三态输出缓冲器；与 TTL，CMOS 及 ECL 电路的兼容性等。

单片机 8031 与 8 位二进制 A/D 转换器接口电路见图 4.32。

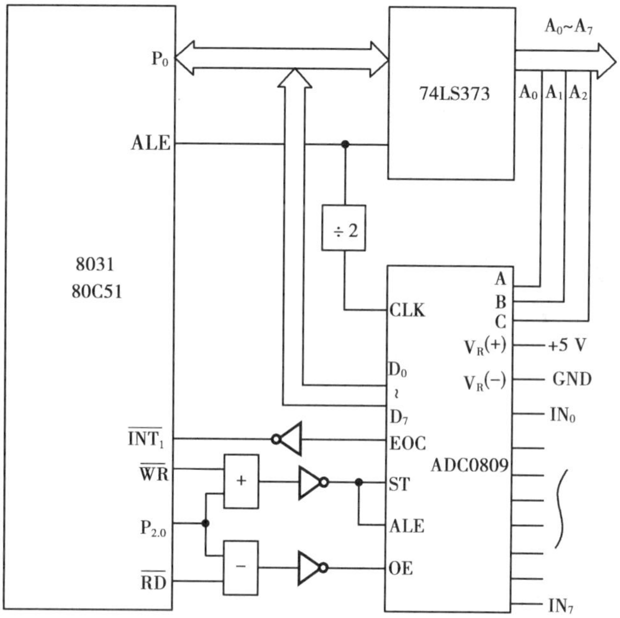

图 4.32　ADC0809 与 8031 接口电路图

(2)采样保持器 S/H 的选择

①采样/保持器的主要参数

实际的采样/保持器的输出/输入特性是非理想的，如图 4.33 所示。

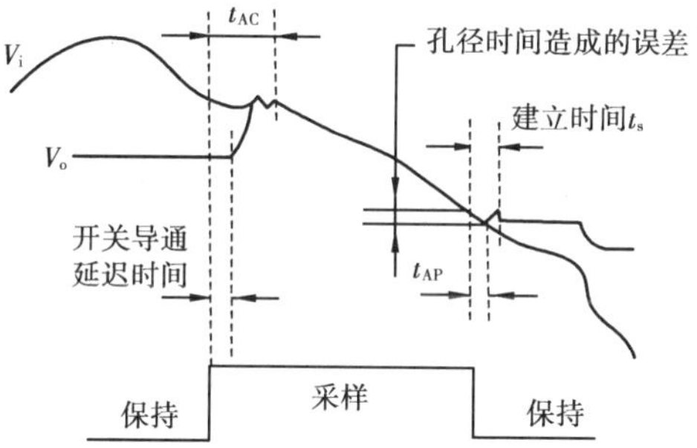

图 4.33　采样/保持器的主要性能参数

当发出采样指令之后，采样/保持器的输出电压 V_o 从原来的保持值过渡到跟踪输入信号 V_i 值(在确定的精度范围内)所需的时间称捕捉时间 t_{AC}，它限定了该电路在给定精度下截取输入信号瞬时值所需要的最小采样时间。为减小这一时间，应选择导通电阻小、切换速度快的模拟开关，选择频带宽的运放作采样/保持器内部的输入和输出缓冲放大器，且输入缓冲放大器还应具有较大的输出电流。

从发出保持指令开始到模拟开关完全断开所经历的时间称为孔径时间 t_{AP}，从发出保持指令开始到采样/保持器输出达到保持终值(在确定的精度范围内)所需时间称为建立时间 t_s。

由于孔径时间的存在，采样时间被额外地延迟了。当被采样信号是时变信号时，孔径时间

t_{AP}的存在，使保持指令来到后，采样/保持器的输出仍跟踪输入信号的变化。当这一时间结束后，电路的稳定输出已不代表保持指令到达时刻输入信号的瞬时值，而是代表在 t_{AP}结束时刻输入信号的瞬时值。

②采样保持器的设置

A/D 转换器把模拟量转换成数字量需要一定的转换时间，在这个转换时间内，被转换的模拟量应基本维持不变，否则转换精度没有保证，甚至根本失去了转换的意义。

图 4.31(a)不加采样/保持器时，待转换信号允许的最高频率为

$$f_{\max} = \frac{1}{t_c \cdot \pi \cdot 2^{m+1}} \tag{4.7}$$

m 为转换器的位数，由此可见，除了被转换信号是直流电压或变化极其缓慢，即满足式(4.7)，可以用 ADC 直接转换而不必在 ADC 前加设 S/H 外，凡是频率不低于由式(4.7)确定的$f_{\max}$的被转换信号，必须设置采样/保持器。

由于存在孔径误差，若要求最大孔径误差不超过 q(q 是量化电平或者叫量化单位，$q = Um/2^m$，m 为转换位数)，可推导出被转换信号的最高频率为

$$f_{\max} = \frac{1}{t_{AP} \cdot \pi \cdot 2^{m+1}} \tag{4.8}$$

由于 S/H 的孔径时间 t_{AP}远远小于 ADC 的转换时间 t_c(典型的 $t_{AP} = 10$ ns)，因此由式(4.8)限定的频率远远高于由式(4.7)限定的频率。说明在 ADC 前加设 S/H 后大大扩展了被转换信号频率的允许范围。

③多路测量通道的串音问题

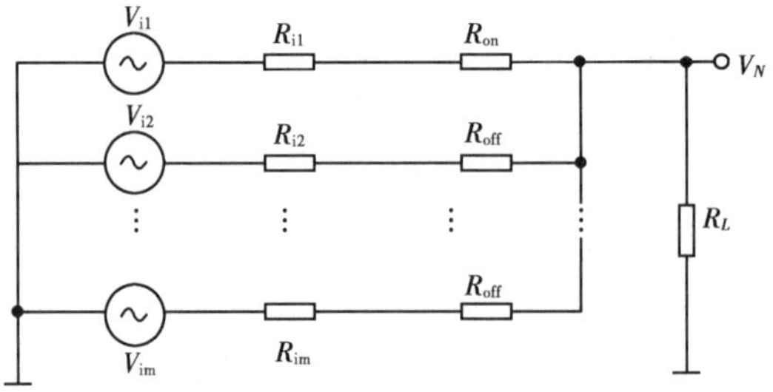

(a)低频等效电路

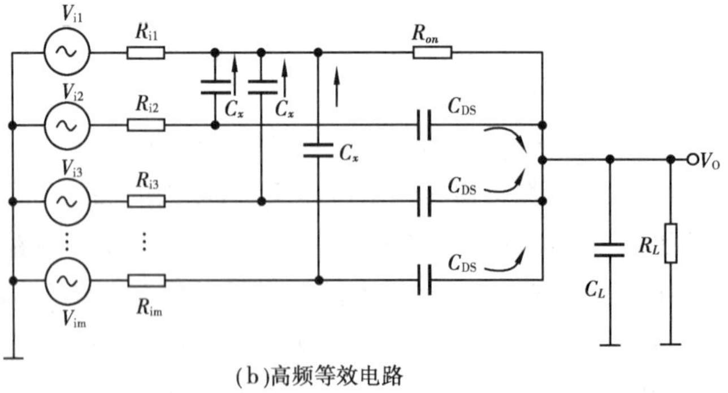

(b)高频等效电路

图 4.34　多路切换系统的等效电路

在多通道数字测试系统中，MUX 常被用做多选一开关或多路采样开关。当某一道开关接通时，其他各道开关全都是关断的。理想情况下，负载上只应出现被接通的那一道信号，其他

被关断的各路信号都不应出现在负载上。然而实际情况并非如此,其他被关断的信号也会出现在负载上,对本来是唯一被接通的信号形成干扰,这种干扰称为道间串音干扰,简称串音。

道间串音干扰的产生主要是由于模拟开关的断开电阻 R_{off} 不是无穷大和多路模拟开关中存在寄生电容的缘故。为减小串音干扰,应采取如下措施:

①减小 R_{i},为此前级应采用电压跟随器;

②选用 R_{on} 极小、R_{off} 极大的开关管;

③减少输出端并联的开关数 N。若 $N=1$,则 $V_N=0$。

除 $R_{\text{off}}\neq\infty$ 引起串音外,当切换多路高频信号时,截止通道的高频信号还会通过通道之间寄生电容 C_x 和开关源、漏极之间的寄生电容 C_{DS} 在负载端产生泄漏电压,如图 4.34(b)所示。寄生电容 C_x 和 C_{DS} 数值越大,信号频率越高,泄漏电压就越大,串音干扰也就越严重。因此,为减小串音应选用寄生电容小的 MUX。

4)主放大器的设置

一般测控仪器大多采用程控增益放大器作为主放大器。有些测控系统的采集电路采用图 4.31(c)所示的结构,在 MUX 与 S/H 之间设置了程控增益放大器 PGA 或瞬时浮点放大器 IFP,为与调理电路中的前置放大器相区别,称采集电路中的放大器为"主放大器"。采集电路的任务是将模拟信号数字化,其主放大器也是为此而设置。

为避免弱信号采样电压在 A/D 转换时达不到要求的转换精度 δ,就必须将它放大 K 倍后再进行 A/D 转换,这样量化精度便可提高 K 倍,满足转换精度的要求,即

$$\frac{q}{KV_{ij}}<\delta_0 \tag{4.9}$$

式中,V_{ij} 为采样电压,q 为 A/D 的量化绝对误差。由式(4.9)可见,K 越大,放大后的 A/D 转换相对误差越小,精度越高,但是 K 也不能太大,以致产生 A/D 溢出。因此主放大器的增益 K 应满足两个条件:既不能使 A/D 溢出,又要满足转换精度的要求,即

$$\begin{cases}KV_{ij}\leqslant E\\ \dfrac{q}{KV_{ij}}\leqslant\delta_0\end{cases} \tag{4.10}$$

其中 E 为 A/D 转换器的满度输入电压,将式(4.9)代入式(4.10)得,所需主放大器增益 K 为

$$\frac{\dfrac{E}{D_{\text{FS}}}}{\delta_0 V_{ij}}\leqslant K\leqslant\frac{E}{V_{ij}} \tag{4.11}$$

D_{FS} 为 A/D 转换器的满度输出数字,如果被测量的多路模拟信号都是恒定或变化缓慢的信号,而且各路信号的幅度也相差不大,也就是 V_{ij} 随 i 和 j 变化都不大,那就没有必要在采集电路中设置主放大器,只要使各路信号调理电路中的前置放大器增益满足式(4.11)即可。

如果被测量的多路模拟信号都是恒定或变化缓慢的信号,但各路信号的幅度相差很大,也就是说 V_{ij} 不随 j 变化,但随 i 变化很大,那就应在采集电路中设置程控增益放大器作为主放大器。程控增益放大器的特点是每当多路开关 MUX 在对第 i 道信号采样时,放大器就采用预先按式(4.11)选定的第 i 道的增益 K_i 进行放大。

5)自动量程转换

自动量程转换是大多数智能测控仪器的基本功能,它能根据被测量的大小自动选择合适

的量程,以保证测量值有足够的分辨力和准确度。

自动量程转换电路有多种形式,但就其组成来说可以分为衰减器、放大器、接口及开关驱动三部分,图4.35给出了电压量程自动转换电路。

这个量程自动转换的衰减电路具有1和100两种衰减系数。当 K_1 被激励时,切向 A 端,衰减系数为100;当激励撤销,切向 B 端,衰减系数为1。K_2 控制前置放大器的放大倍数,当 K_2 被激励时,开关切向 C 端,放大器增益为1;反之为10。K_3 切换放大器输出,当其被激励时,放大器输出电压被衰减10倍;否则,直接输出。使用这三个开关的不同组合,该电路具有200 mV,2 V,20 V,200 V和1 000 V五个量程。

量程转换电路中切换开关通常使用继电器作为高压衰减部分的切换开关,而低压部分则通常使用模拟开关。

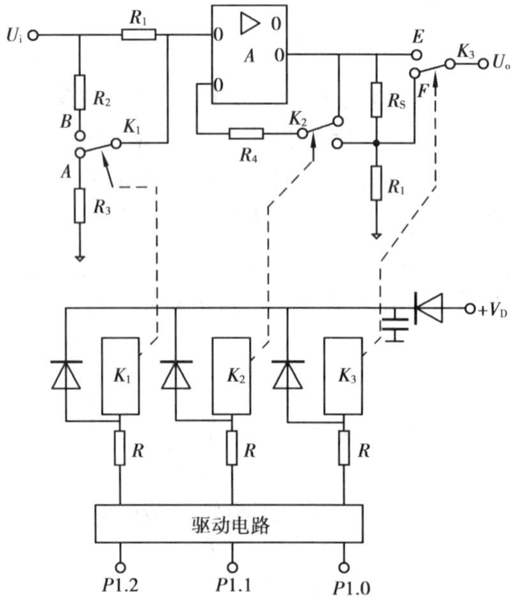

图4.35　电压自动转换原理图

4.4.2　模拟输出通道

在测量模块中,模拟信号输出通道是将测试数据转换成模拟信号并经过必要的信号调理后送到模拟显示器或模拟记录装置形成测试信号的模拟显示或模拟记录。在控制模块中模拟输出通道的输出模拟信号主要用于对连续变量的执行机构进行控制。

1)模拟输出通道的基本理论

(1)零阶保持与平滑滤波

模拟信号经过A/D转换的结果再经过D/A转换,只能得到模拟信号各采样时刻的近似幅值(与原来的幅值存在一定量化误差),也就是只能得到模拟信号波形上的一个个断续的采样点,而不能得到在时间上连续存在的波形。为此就要想办法填补相邻采样点之间的空白。从理论上讲,可以有两种简单的填补采样点之间空白的办法:一是把相邻采样点之间用直线连接起来,如图4.36(a)所示,这种方式称为“一阶保持”方式;另一种方式是把每个采样点的幅值保持到下一个采样点,如图4.36(b)所示,这种方式称为“零阶保持”方式(因为相邻采样点间水平直线的方程阶次为零）。

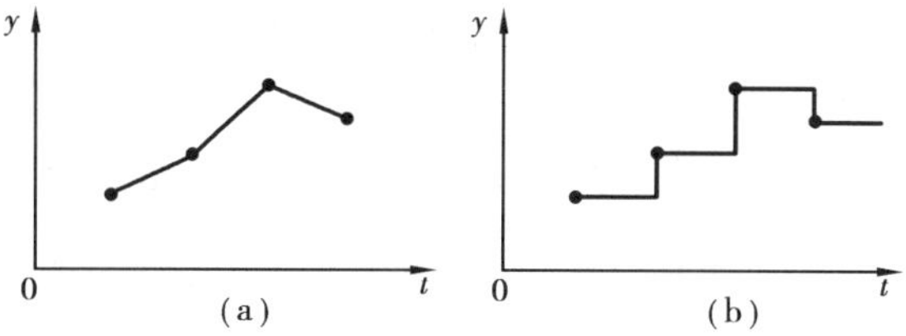

图 4.36　零阶保持与一阶保持

零阶保持器输出波形将呈现如图 4.36 实线所示阶梯形状。为了使这些阶梯变平滑，就需要一个低通滤波器将漏过的调制频谱 $F'(\omega)$ 滤掉，而将基带频谱 $F(\omega)$ 保留下来。具有这种功能的低通滤波器称为平滑滤波器。

在零阶保持器后接平滑滤波器，基本上可以从子样脉冲串 $f_s(t)$ 中恢复出光滑的信号波形 $f(t)$，这就是模拟输出通道中要设置零阶保持器和平滑滤波器的理论依据。

（2）保持周期的确定

模拟信号输出通道将微机处理后的测试数据恢复成模拟信号，假设共有 m 路信号的采样数据，每路信号共有 n 个采样点，第 i 路信号的第 j 次采样的数据为 $D_{ij}(i=1,2,\cdots,m;,j=1,2,\cdots,n)$。微机每隔 t_0 时间送出一个子样数据到输出通道，亦即输出通道的数据输出字速率为 $1/t_0$。如果子样数据的顺序为：$D_{11},D_{12},\cdots,D_{1m}\cdots,D_{2m}\cdots,D_{nm}$。如果模拟信号输出通道中设定的保持周期 T_s 与模拟信号输入通道中设定的采样周期 T 相等，即

$$T_s = T \tag{4.12}$$

那么经零阶保持和平滑滤波后恢复出来的模拟信号波形 $f_0(t)$，从理论上与输入通道中被采样的输入模拟信号波形 $f(t)$ 是相同的，即 $f_0(t) = f(t)$。但如果不满足式（4.12）条件，而只是保持固定的比例关系，即

$$\frac{T_s}{T} = a(\text{常数}) \tag{4.13}$$

那么恢复出来的模拟信号 $f_0(t)$ 应为

$$f_0(t) = f\left(\frac{t}{a}\right) \tag{4.14}$$

（3）数字自动增益控制（AGC）

为了使强、弱信号都能在监视示波器上显示出来，输入通道采集的动态范围很大的信号数据在送到输出通道中，由动态范围很小的 D/A 转换器转换之前不能简单地把低位数据舍去，必须进行数字 AGC（自动增益控制）处理：假设输出通道送去记录的第 i 道第 j 次子样数据为 d_{ij}，在送到输出通道 D/A 转换之前先给它赋以 $2^{G_{ij}}$ 倍增益，即把该数据左移 G_{ij} 位，变为定点二进制数 D_{ij}，即

$$D_{ij} = d_{ij} \times 2^{G_{ij}} \tag{4.15}$$

G_{ij} 的大小由 d_{ij} 的大小决定，若 d_{ij} 大则选用小的 G_{ij}，d_{ij} 小则选用大的 G_{ij}。这样就能把大动态范围的 d_{ij} 压缩成小动态范围的 D_{ij}，再将定点二进制数 D_{ij} 的高位数码（低位数码舍去）送去 D/A 转换器进行 D/A 转换。D/A 输出电压经零阶保持和平滑滤波，就可在监视示波器上显示被动态压缩的模拟信号波形。

2）模拟输出通道的基本结构

微机化测控仪器的模拟信号输出通道的基本结构按信号输出路数来分，有单通道输出和多通道输出两大类。其主要由输出数据寄存器、D/A 转换器和调理电路三部分组成，输出信号送到模拟显示器、模拟记录仪或模拟执行机构等模拟终端，如图 4.37 所示。

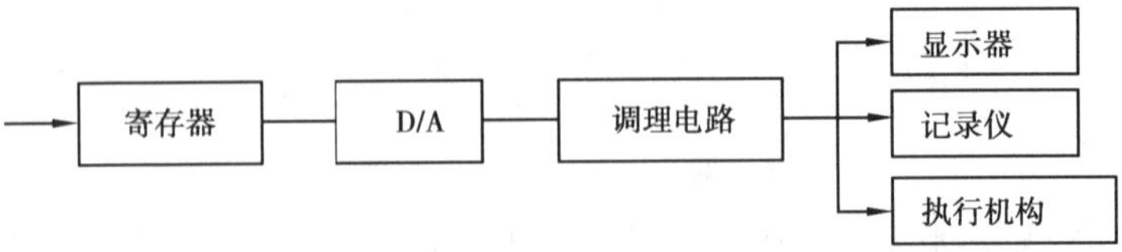

图 4.37　模拟输出通道的基本组成

3）模拟输出通道组成电路的选用

（1）D/A 转换器　D/A 转换器是模拟信号输出通道的第一道环节，也是必不可少的核心环节。

①D/A 位数的确定

模拟信号输出通道中所用 D/A 转换器的位数取决于输出模拟信号所需要的动态范围。如果负载并没有明确要求，通常取 DAC 位数等于系统输出数字的位数。

②主要结构特性和应用特性的选择

数字输入特性　数字输入特性包括接收数码的码制、数据格式以及逻辑电平等。

模拟输出特性　目前多数 D/A 转换器件均属电流输出器件，手册上通常给出在规定的输入参考电压及参考电阻之下的满码（全 1）输出电流 I_0，另外还给出最大输出短路电流以及输出电压允许范围。

锁存特性　CPU 的接口设计必须考虑 D/A 转换器对输入数字量是否具有锁存功能。

参考源　D/A 转换器中，参考电压源是唯一影响输出结果的模拟参量，要认真加以考虑。

（2）反多路开关和采样保持器　如果各路模拟通道负载具有惯性储能性质，则可省去采样保持器，让反多路开关直接驱动惯性元件或仪表。例如，配电板上的指针式仪表由于具有较大的惯量，只要数据刷新速率足够高，仪表指针就不会出现抖动，其平均指示值取决于脉动模拟输入值的占空比（即每个刷新周期中开关闭合时间与刷新周期的比值）。

（3）调理电路　模拟信号输出通路中的调理电路有滤波、电压/电流转换和放大等几种形式，具体选择取决于输出通道负载的要求。

①滤波器

如果输出通道负载要求较为平滑的电压输出，则 DAC 输出端不仅要接 S/H，而且 S/H 之后还要接平滑滤波器，其截频 f_H 应满足

$$f_H = f_C = \frac{1}{4T_S} \tag{4.16}$$

式中 T_S 为 S/H 保持周期。

有些测控仪器因模拟输入通道中已有高、低通滤波器，所以，模拟输出通道中只有平滑滤波器而无其他滤波器，一些不要求输出平滑电压的场合，也可以不要平滑滤波。

②电压/电流转换和频率/电压转换

测控仪器常常要以电流方式输出，而大多数 D/A 电路的输出为电压信号，因此在微机化测控仪器的输出通道中通常要设置电压/电流（V/I）转换电路，以便将 D/A 电路输出的电压

信号转换成电流信号。

由于频率信号输出占用总线数量少,易于远距离传送,抗干扰能力强,因此,在有些测控仪器中,采用频率量输入通道和频率量输出通道。

③线性功率放大器

线性功率放大器通常由分立元件或集成功率运放构成。在输出通道的直流伺服控制系统中,采用集成功率运算放大器可大大简化电路,并提高系统的可靠性。

4.4.3　开关量输入/输出通道

测控仪器中常应用各种按键、继电器和无触点开关(晶体管、可控硅等)来处理大量的开关量信号,这种信号只有开和关,或者高、低电平两个状态,处理较为方便。测控仪器通过开关量输入通道引入系统的开关量信息(包括脉冲信号),进行必要的处理和操作;同时,通过开关量输出通道发出两个状态的驱动信号,去接通发光二极管、控制继电器或无触点开关的通断动作,以实现诸如越限声光报警、双位式阀门的开启或关闭以及电动机的启动或停车等。

由于工业现场存在电场、磁场、噪声等各种干扰,在输入输出通道中往往需要设置隔离器件,以抑制干扰的影响。开关量输入/输出通道的主要技术指标是抗干扰能力和可靠性,而不是精度。

1)开关量输入通道

(1)开关量输入通道的结构

开关量输入通道主要由输入缓冲器、输入调理电路和输入地址译码电路等组成,如图4.38所示。

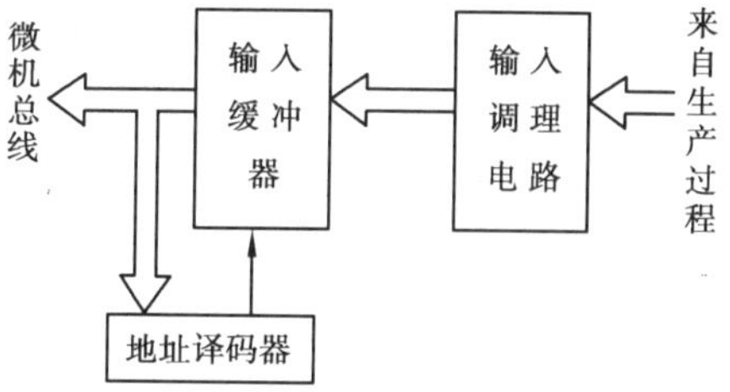

图4.38　开关量输入通道结构

(2)输入调理电路

开关量输入通道的基本功能就是接收外部装置或生产过程的状态信号。这些状态信号的形式可能是电压、电流和开关的触点,因此易引起瞬时高压、过电压、接触抖动等现象。为了将外部开关量信号输入到计算机,必须将现场输入的状态信号经转换、保护、滤波、隔离措施转换成计算机能够接收的逻辑信号,这些功能称为信号调理。

①小功率输入的调理电路

图4.39所示为从开关、继电器等接点输入信号的调理电路。它将接点的接通和断开动作,转换成TTL电平信号与计算机相连。为了清除由于接点的机械抖动而产生的振荡信号,一般都应加入有较长时间常数的积分电路来消除这种振荡。图4.39(a)所示为一种简单的采用积分电路消除开关抖动的方法,图4.39(b)所示为R-S触发器消除开关两次反跳的方法。

②大功率输入调理电路

在大功率系统中,需要从电磁离合等大功率器件的接点输入信号。在这种情况下,为了使

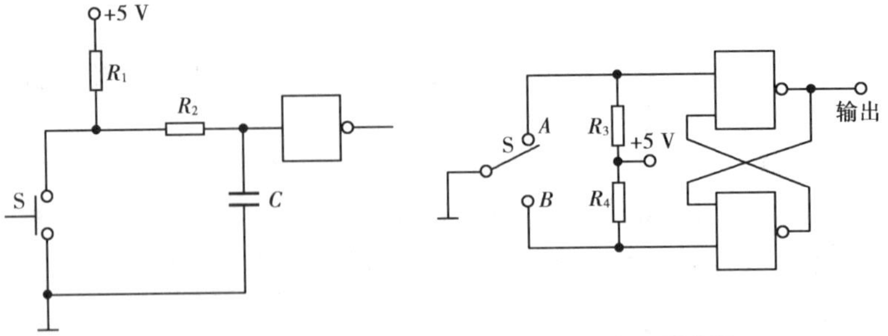

(a)采用积分电路　　(b)采用R-S触发器

图 4.39　小功率输入的调理电路

接点工作可靠,接点两端至少要加 24 V 以上的直流电压。因为直流电平响应快,不易产生干扰,电路又简单,因而被广泛采用。但是这种调理电路,由于输入端所带电压高,会对低压端的电路产生干扰,所以常采用光电隔离器在高压与低压之间进行隔离,如图 4.40 所示。

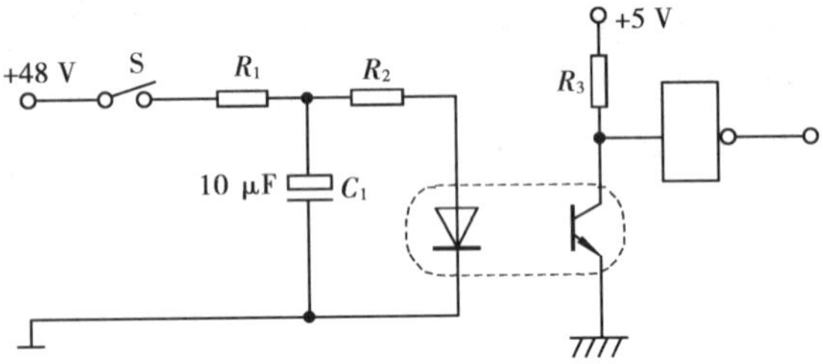

图 4.40　大功率输入的调理电路

(3)输入缓冲器

输入缓冲器通常采用三态门缓冲器,如 74LS244,被测状态信息通过三态门缓冲器发送到 CPU 数据总线。

2)开关量输出通道

开关量输出驱动是测控仪器常用的输出驱动方式之一,它通过控制设备处于“开”或“关”状态的时间来达到运行控制目的。

(1)开关量输出通道的结构

开关量输出通道主要由输出锁存器、输出驱动电路、输出口地址译码电路等组成,如图 4.41所示。

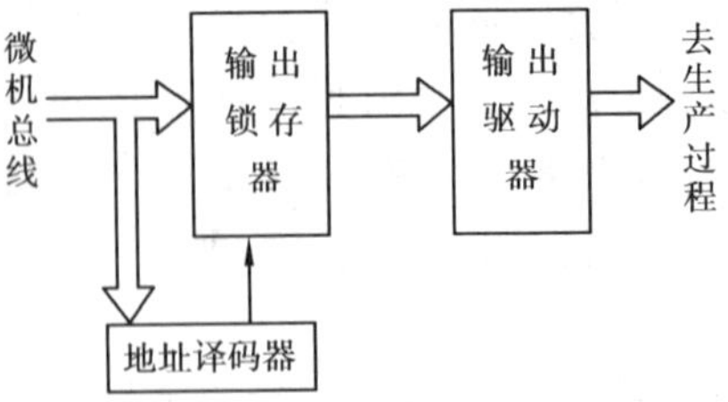

图 4.41　开关量输出通道的结构

当对生产过程进行控制时,一般控制状态需要保持,直到新的控制状态出现才能进行更新。因此通常采用 74LS273 等锁存器对开关量输出信号进行锁存。

由于驱动执行装置不但需要一定的电压,而且需要一定的电流,而主机的 I/O 口或开关量通道中的锁存器驱动能力很有限,因此,开关量输出通道末端必须配接能提供足够驱动功率的输出驱动电路。下面介绍几种常见的输出驱动电路,可根据不同需要加以选择。

(2)直流负载驱动电路

图 4.42 为常见的直流负载驱动电路。

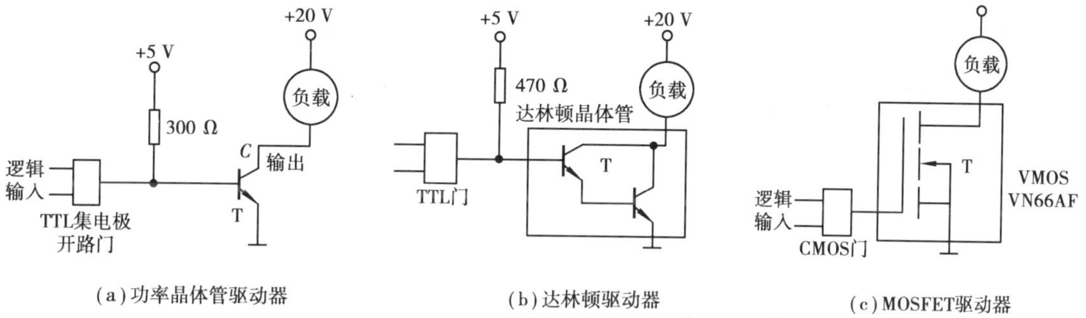

(a)功率晶体管驱动器　(b)达林顿驱动器　(c)MOSFET驱动器

图 4.42　直流负载驱动电路

图 4.42(a)是功率晶体管驱动电路,适合于负载所需的电流不太大(约几百 mA)的场合。图中开关晶体管的驱动电流必须足够大,否则晶体管会增加其管压降来限制其负载电流。

图 4.42(b)是达林顿管驱动电路,图中方框内的达林顿晶体管由两个晶体管复合而成。由于达林顿驱动器要求的输入驱动电流很小,可直接用单片机的 I/O 驱动。

图 4.42(c)是功率场效应管驱动电路,功率场效应晶体管构成功率开关驱动电路只要求微安级输入电流,控制的输出电流却可以很大。

(3)晶闸管交流负载驱动电路

交流负载的功率驱动电路,通常采用晶闸管来构成。晶闸管有单向晶闸管(也称单向可控硅)和双向晶闸管(也称双向可控硅)两种类型。

晶闸管只工作在导通或截止状态,使晶闸管导通只需要极小的驱动电流,一般输出负载电流与输入驱动电流之比大于 1 000,是较为理想的大功率开关器件,常用来控制交流大电压开关负载。为了防止交流电干扰,晶闸管驱动电路不宜直接与数字逻辑电路相连,通常采用光电隔离器进行隔离,如图 4.43 所示,图中 P1.0 输出锁存开关量,三态缓冲门 74LS244 接成直通式,当 P1.0 = 0 时,光电隔离器中的发光二极管导通,外接三极管 T 截止,双向晶闸管导通,交流电源给负载加电。反之,当 P1.0 = 1 时,负载断电。外接发光二极管 LED 用做开关指示。如果将图中双向晶闸管换成单向晶闸管,则在 P1.0 = 0 期间负载得到的不再是双向交流电压而是单向脉动电压。

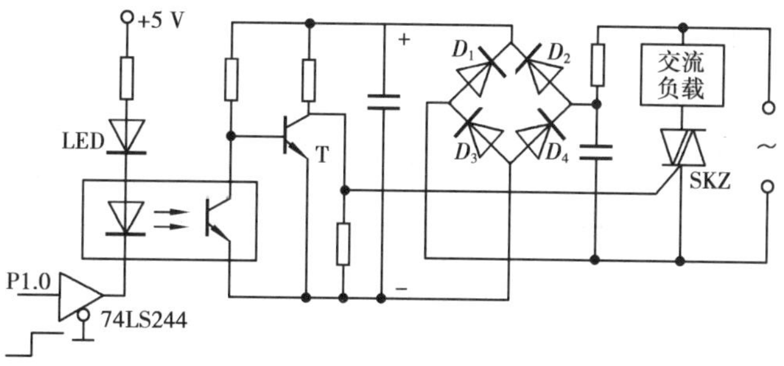

图 4.43　交流负载驱动电路

(4)继电器驱动电路

开关量输出电路常常控制着动力设备的启停。如果设备的启停负荷不太大,而且启停操作的响应速度也要求不高,则适合采用继电器隔离的开关量输出电路。由于继电器线圈需要一定的电流才能动作,所以,必须在微机的输出 I/O 口(或外接输出锁存器 74LS273)与继电器线圈之间接 7406 或 75452P 等驱动器。继电器线圈是电感性负载,当电路开断时,会出现电感性浪涌电压。所以,在继电器两端要并联一个泄流二极管以保护驱动器不被浪涌电压所损坏。

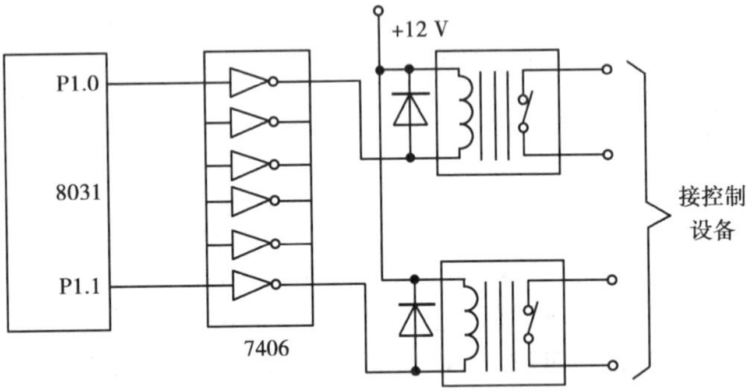

图 4.44　典型继电器驱动电路

图 4.44 为一个典型的继电器驱动电路,P_1 口的每一位经一个反相驱动器 7406 控制一个继电器线圈。当 P_1 口某一位输出"1"时,继电器线圈上有电流流过,继电器动作;反之,当输出为"0"时,继电器线圈上无电流流过,开关恢复到原始状态。

对需用直流电源励磁的继电器也可用前述的直流负载驱动电路,对需用交流电源励磁的继电器可以用前述的交流负载驱动电路。在没有特殊要求时,为了便利和简化电路可通过直流继电器来间接控制交流继电器。

(5)固态继电器驱动电路

固态继电器(SSR)是采用固体元件组装而成的一种新型无触点开关器件,它有两个输入端用以引入控制电流,有两个输出端用以接通或切断负载电流。器件内部有一个光电隔离器将输入与输出隔离。输入端(1、2 脚)与光电隔离器的发光二极管相连,因此,需要的控制电流很小,用 TTL、HTL、CMOS 等集成电路或晶体管就可直接驱动。直流固态继电器(DC-SSR)的输出端用功率晶体管做开关元件,如图 4.45(a)所示,主要用于直流大功率控制场合。交流固态继电器(AC-SSR)的输出端用双向可控硅做开关元件,如图 4.45(b)所示,主要用于交流大功率驱动场合。

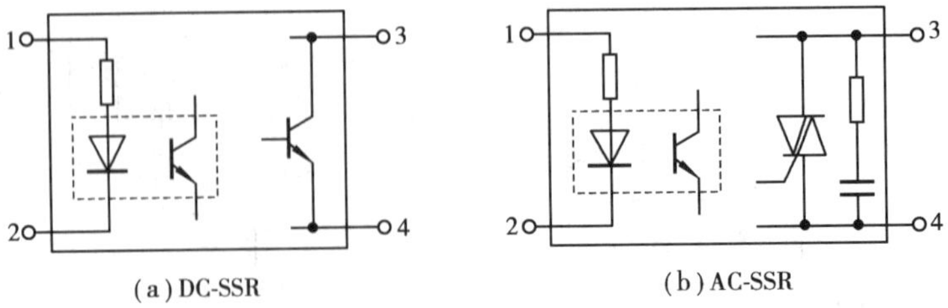

图 4.45　直流 SSR 与交流 SSR

基本的 SSR 驱动电路如图 4.46 所示。因为 SSR 的输入电压为 4 ~ 32 V,DC-SSR 的输入电流小于 15 mA,AC-SSR 的输入电流小于 500 mA。因此,要选用适当的电压 V_{CC} 和限流电阻

R。DC-SSR 可用 OC 门或晶体管直接驱动,AC-SSR 可加接一晶体管驱动。DC-SSR 的输出断态电流一般小于 5 mA,输出工作电压 [illegible] 180 V。图 4.46(a)所接为感性负载,对一般电阻性负载可直接加负载 [illegible] 380 V 等常用市电场合,输出断态电流一般小于 10 mA,一 [illegible] 流的 10 倍,负载电流若低于该值,则应并联电阻 R_P,以 [illegible]

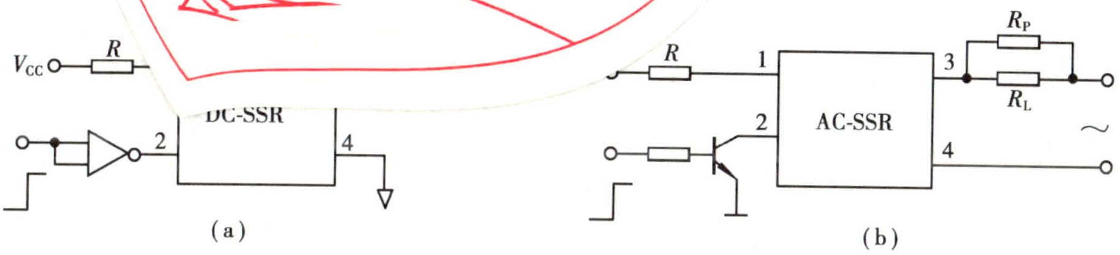

图 4.46　基本 SSR 驱动电路

4.4.4　测控仪器通信接口

测控仪器一般都设置有通信接口,以便能够实现程控和方便地构成自动测控仪器。为了使不同厂家生产的任何型号的仪器都可以直接用一条无源电缆连接,并通过一个合适的接口与计算机连接,世界各国都在按同一标准设计测控仪器的通信接口电路。

目前国际上普遍采用的仪用标准接口是 GPIB,本节将对此作一介绍。

1)GPIB 标准接口系统概述

GPIB 即通用接口总线(General Purpose Interface Bus),是国际通用的仪器接口标准。目前生产的测控仪器几乎无例外地都配有 GPIB 标准接口。国际通用的仪器接口标准最初由美国 HP 公司研制,称为 HP-IB 标准。1975 年 IEEE 在此基础上加以改进,将其规范化为 IEEE-488 标准予以推荐。1977 年 IEC 又通过国际合作加以进一步的改进,制定了 IEC-625 国际标准。此后,这同一标准便在文献资料中使用了 HP-IB、IEEE-488、GPIB、IEC-IB 等多种称谓,但日渐普遍使用的一个通称是 GPIB。

2)GPIB 标准接口系统的基本特性

GPIB 标准包括接口与总线两部分。接口部分是由各种逻辑电路组成,与各仪器装置安装在一起,用于对信息进行发送、接收、编码和译码;总线部分是一条无源的多芯电缆,用作传输各种消息。

GPIB 标准接口系统的基本特性如下:

①可以用一条总线互相连接若干台装置,以组成一个自动测控仪器。系统中装置的数目最多不超过 15 台,互连总线的长度不超过 20 m。

②传输采用并行比特(位)、串行字节(位组)双向异步传送方式,其最大传输速率不超过 1 兆字节每秒。

③总线上传输的消息采用负逻辑。低电平(≤ +0.8 V)为逻辑“1”,高电平(≥ +2.0 V)为逻辑“0”。

④地址容量。单字节地址:31 个讲地址,31 个听地址;双字节地址:961 个讲地址 961 个听地址。

⑤一般适用于电气干扰轻微的实验室和生产现场。

3)GPIB 标准接口的总线结构

总线是一条 24 芯电缆,其中 16 条被用做信号线,其余则被用作逻辑地线及屏蔽线。电缆两端是双列 24 芯叠式结构插头。

总线上传递的各种信息通称消息。由于带标准接口的测控仪器功能可分为仪器功能和接口功能两部分,所以消息也分为仪器消息和接口消息。接口消息是指用于管理接口部分完成各种接口功能的信息,它由控者发出而只被接口部分所接收和使用。仪器消息是与仪器自身工作密切相关的信息,它只被仪器部分所接收和使用。虽然仪器消息通过接口功能进行传递,但它不改变接口功能的状态。接口消息和仪器消息的传递范围见图 4.47。

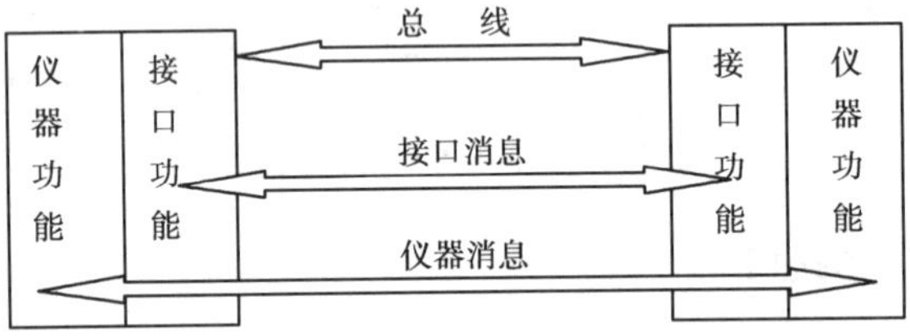

图 4.47　接口消息和仪器消息

GPIB 标准接口总线中的 16 条信号线按功能可分为以下三组:

①8 条双向数据总线(DIO1 ~ DIO8),其作用是传递仪器消息和大部分接口消息,包括数据、命令和地址。由于这一标准没有专门的地址总线和控制总线,因此必须用其余两组信号线来区分数据总线上信息的类型。

②3 条数据挂钩联络线(DAV、NRFD 和 NDAC),其作用是控制数据总线的时序,以保证数据总线能正确、有节奏地传输信息,这种传输技术称为三线挂钩技术,这三条挂钩联络线的定义如下:

DAV(DATA VALID)数据有效线:当数据线上出现有效的数据时,讲者置 DAV 线为低(负逻辑),示意听者从数据线上接收数据。

NRFD(NOT READY FOR DATA)数据未就绪线:只要被指定为听者的听者中有一个尚未准备好接收数据,NRFD 线 2 就为低,示意讲者暂不要发出信息。

NDAC(NOT DATA ACCEPTED)数据未收到线:只要被指定为听者中有一个尚未从数据总线上接收完数据,NDAC 就为低,示意讲者暂不要撤掉数据总线上的信息。

③5 条接口管理控制线(ATN、IFC、REN、EOI 和 SRQ),其作用是控制 GPIB 总线接口的状态。这 5 条接口管理控制线的定义如下:

ATN(ATTENTION)注意线:此线由控者使用,用来指明数据线上数据的类型。当 ATN 为 1 时,数据总线上的信息是由控者发出的接口消息(命令、设备地址等),这时,一切设备均要接收这些信息。当 ATN 为 0 时,数据总线上的信息是受命为讲者的设备发出的仪器消息,(数据、设备的控制命令等),一切受命为听者的设备都必须听。

IFC(INTERFACE CLEAR)接口清除线:此线由控者使用,当 IFC 为 1 时,整个接口系统恢复到初始状态。

REN(REMOTE ENABLE)远程控制线:此线由控制者使用,当 REN 为 1 时,仪器可能处于远程工作状态,从而封锁设备面板的手工操作。当 REN 为 0 时,仪器处于本地方式。

SRQ(SERVICE REQUEST)服务请求线:所有设备都与这条线"线或"在一起,任一设备将次线变为低态(SRQ 为1),即表示向控者提出服务请求,然后控者再通过依次查询确定提出请求的设备。

EOI(END OR IDENTIFY)结束或识别线:此线与 ATN 配合使用,当 EOI 为1,ATN 为0 时,表示讲者已传递完一组数据;当 EOI 为1,ATN 为1 时,表示控者要进行识别操作,要求设备把他们的状态放在数据线上。

4.5　测控仪器的抗干扰技术及可靠性设计

4.5.1　测控仪器电路系统的抗干扰技术

从广泛的意义上讲,干扰就是影响有用信号的某种不希望的扰动。不同干扰对系统影响程度也各有不同,对于测量电路,干扰将会降低测量精度;对于控制电路,干扰有可能产生误动作,造成损失。因此,能否采取行之有效的抗干扰措施,是现代测控仪器能否安全工作的关键。

噪声与干扰没有本质上的区别。通常习惯上将系统的外部干扰称为干扰,来自内部的干扰称为噪声。一般说来,干扰和噪声难以完全消除,但可降低其强度,使之不致影响系统正常工作。

1)干扰源

(1)来自信号通道的干扰　主要是由传感器、开关量输入输出、模拟量输入输出、电路本身的固有噪声等产生的。

(2)来自电源的干扰　来自电源的干扰主要分两部分:一部分是指由于电源本身是交流电源;另一部分是指由于开关通断、电机中电刷与整流子之间周期性的电火花、大型动力设备的启停、自然界中雷电、汽车发动机点火装置产生的火花等干扰因素产生的电源的异常抖动。这些来自交流电源的干扰对测控仪器的正常运行危害更大。

(3)来自空间的辐射干扰　来自空间的各种电磁波和强电场的各种干扰,对于电路系统也将产生影响。

2)干扰的耦合方式

形成干扰的三个要素是干扰源、对干扰敏感的接收电路和干扰源到接收电路的耦合通道。干扰的耦合方式主要有以下几种:

(1)静电耦合　静电耦合亦称电容性耦合,它主要是由于两个电子器件或两个电路之间存在寄生电容,经寄生电容使一个电路(器件)的电荷影响另一个电路(器件)。例如,两条平行导线之间由于存在杂散电容而产生静电耦合,从而形成干扰。

(2)电磁耦合　电磁耦合主要由于两个电路存在互感,使得一个电路的电流变化通过电磁耦合干扰另一电路。

(3)共阻抗耦合　共阻抗耦合一般发生在两个电路的电流流经一个公共阻抗,其中一个电路在该阻抗的压降会影响另一路。

(4)电流耦合　电流耦合主要是由于绝缘不良,流经该绝缘电阻的电流会引起干扰。

3)干扰的形态

噪声源产生的噪声通过各种耦合方式进入系统内部,造成干扰。根据噪声进入系统电路的方式可将干扰分为两种形态，即差模干扰和共模干扰。

(1)差模干扰　差模干扰是指能够使接收电路的一个输入端相对于另一输入端产生电位差的干扰。

(2)共模干扰　共模干扰是相对于公共的电位基准点，在系统的接收电路的两个输入端上同时出现的干扰。

4)干扰的抑制措施

(1)信号通道干扰的抑制措施

信号通道中，干扰信号与有用信号是混在一起的。根据输入输出信号的不同，干扰信号的特点也不尽相同，抑制干扰的措施也相应有所区别。

①开关量信号通道中干扰的抑制措施

在实际的测控系统中，尤其是在工业控制过程中，一般情况下不能采用直接馈入的输入方法，因为从输入的开关量信号带来的很强干扰噪声会使系统工作很不安全。滤除开关通道干扰的方法很多，最为常用的隔离措施是采用光电隔离器，如图 4.48 所示。

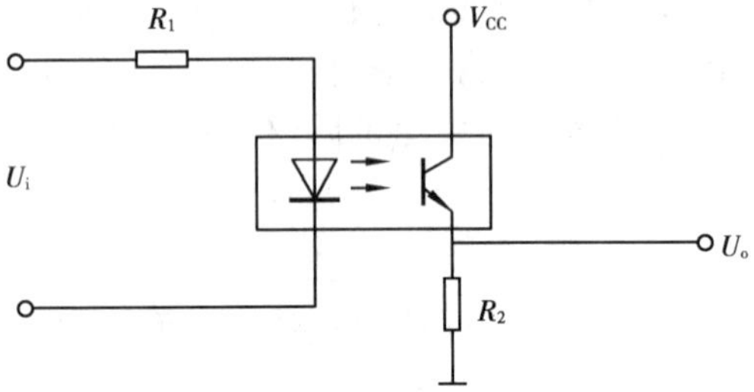

图 4.48　开关量的光电耦合隔离

由于采用光电隔离器的输入隔离电路具有很好的适用性，也可采用光电隔离的方法处理开关量输出通道中的干扰。但如果输出开关量是用于控制大负荷设备，应采用继电器隔离输出而不宜采用光电隔离器件。对于大型设备的控制对象，采用无触点控制方式更为理想。

②模拟量信号通道中干扰的抑制措施

模拟量输入输出通道因与外部设备直接相连而成为强电干扰窜入系统的主要渠道之一。用于模拟量通道抗干扰的器件很多，主要有变压器和光电隔离器。但在以计算机为核心的测控仪器中，应用较多的还是光电隔离器。在模拟量输入输出通道上采取抗干扰措施时，应尽可能将抗干扰的器件设置在传感器或执行部件附近，其设置位置越往外推越好，最好设置在模拟量的输入输出端口处，而光电隔离器一般设置在 A/D 和 D/A 附近，如图 4.49 所示。

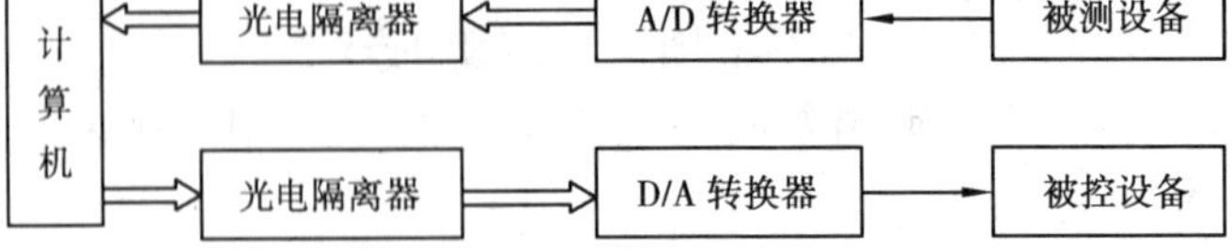

图 4.49　模拟量通道抗干扰电路

(2)电源系统的抗干扰措施

供电系统是强电干扰最为严重的地方，抑制电源干扰应该从配电系统的设计上考虑，截住从配电系统窜入的干扰。

通常的配电方案如图4.50所示。但当干扰脉冲的幅度很大时,低通滤波器电感元件仍会发生磁饱和现象,这时该方案往往也会失去有效的抑制作用。为了避免这种情况的发生,可以在交流稳压器与低通滤波器之间设置一个电源低通滤波器(可采用专用的滤波器,也可用几十米长的绞扭线捆在一起构成),在信号进入低通滤波器之前,将附着在低频市电上的干扰脉冲进行滤波衰减,从而可大幅度衰减干扰,保证低通滤波器电感元件不致饱和。

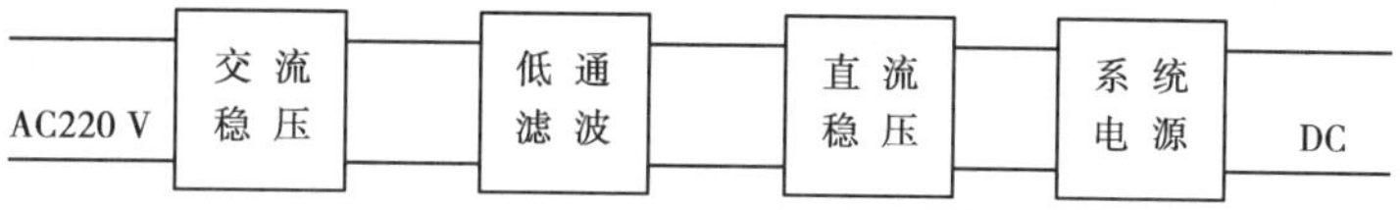

图4.50　普通配电系统原理图

(3)空间干扰的抑制措施

来自空间的干扰主要作用在系统与外部设备之间的信号线上,以及直接作用于系统本身。对于这种干扰,可以利用导电的低电阻材料制成容器或采用高导磁材料制成容器,屏蔽干扰的发射作用和吸收作用,隔绝容器内外电磁或静电相互干扰,有效防止空间各种磁力线和电力线对仪器的干扰。此外,还有编织网做成的电缆屏蔽线,用金属喷涂层覆盖密封电子组件屏蔽等。

5)接地技术

在任何电子仪器或设备中,常采用接地技术来抑制噪声和防止干扰。所谓接地,就是用低电阻导体将某点与一个等电位点或一个等电位面之间连接起来,构成仪器或设备的基准电位。它可以与大地进行欧姆连接,则该点电位为大地电位;或不与大地连接,则为“浮地”构成仪器或设备的基准电位。

接地设计的两个基本要求是:

①避免形成地环路;

②消除噪声电压,该电压是由于各电路电流流经一个公共地线阻抗时产生的。

6)其他抗干扰方法

(1)平衡技术　即保证在双线的电路中,两根导线及连接在两根导线上的所有电路,其对地或对其他某一根导线,都具有相同的阻抗。这样就使得两根导线上所摄取的干扰相等,则总干扰为零。

(2)隔离技术　当一个电路系统的相邻两个单元两点接地时将形成地环路,产生耦合电磁干扰。采用隔离技术可以切断环路,避免电磁耦合。

(3)去耦与滤波技术　当稳压电源与它的馈线系统作为电压源处于非理想状态时,由它供电的各单元电路会产生噪声耦合。此时应利用阻容网络或感容网络,把电源与各个电路隔离开,给每个信号电路或单元电路提供一定的去耦功能,消除电路之间的耦合,使整个电路系统的噪声受到限制。

(4)电路的合理布置　由于存在互阻抗和互导纳引起的近场效应,任何单个元件的固有噪声都有可能影响邻近的敏感元件,形成干扰。所以,在设计电路时,设计人员必须从元件的选择、分布和走线上尽量避免干扰。

4.5.2　电路系统的可靠性与故障诊断技术

1)电路系统的可靠性

测控仪器的电路系统是由各个元件和单元电路组成的,其中任何一个元件发生故障,都会成为系统出现故障的原因。影响硬件可靠性的因素很多，主要有以下几种：

(1)元件失效　元件的失效有三种：即工艺问题，如虚焊、筛选不严等；元件本身的失效，如硅裂、漏气、焊接不良等；环境条件变化也会加速元件的失效。

(2)设计不当　在许多实际的测控电路中，电路系统出现故障并不是元件本身的问题，而是由于系统设计不合理或元器件使用不当造成的。在设计过程中：

①应注意元器件的电气性能；正确使用各种型号的元器件或集成电路能有效提高硬件可靠性。

②设计时应考虑环境条件对硬件参数的影响，选用时要考虑仪器的使用环境。

③在硬件设计中，组装工艺直接影响硬件系统的可靠性，在设计印制电路板时应引起足够的重视。

2)提高硬件可靠性的一般方法

在测控仪器中，影响测控仪器可靠性的因素中，有约45%来自系统设计。系统设计的关键是提高硬件系统的可靠性，可从以下几方面入手：

(1)电路设计　为了保证整个仪器系统的可靠性，在对电路系统进行设计时，应按最恶劣的情况设计。另外，系统供电电源的容量应大于负载的最大值。

(2)元器件选择　在确定元器件的参数之后，还要根据电路所允许的公差范围，确定元器件的型号。同时，要考虑减额使用，即使得元器件的工作参数小于额定值。例如电容器的工作电压应低于额定电压的60%。

(3)抗干扰措施　干扰和噪声在模拟电路中会影响系统的精度；在数字电路中会造成误动作。因此，在系统设计时必须采取抑制和屏蔽措施。

(4)结构设计　结构可靠性设计，是硬件可靠性设计的最后阶段。在结构设计时，首先应注意元器件及设备的安装方式，其次是控制工作环境条件，如通风、除湿、防尘等。

(5)冗余设计　硬件系统在元件级、子系统级、系统级上均可以进行冗余设计，提高可靠性。但是冗余设计将会增加硬件，增加成本。在设计时应仔细权衡利弊关系。

3)故障诊断技术

设计出的系统能否长期稳定工作，这还取决于对系统维护工作的好坏。没有一个仪器是永远不出问题的，关键在于使用者能否快速恢复正常工作，这就是计算机测控系统故障诊断的核心问题。故障诊断的过程可分为以下几个步骤：

①观察和记录系统异常现象和状态；

②根据系统工作原理分析故障原因；

③搜索故障区并定位故障点；

④排除故障。

由于微机应用系统的复杂性，使得故障产生的原因千差万别，要对系统故障进行诊断，必须对系统本身有深入和详细的了解和掌握，普通用户是无法做到这一点的。所以常采用一个对系统故障进行检测十分有效的办法，即设计系统本身具有自检功能，包括指令系统自检、RAM自检、EPROM自检、I/O自检、传感器自检、执行器自检等。自检常采用软件实现，主要方法将在第5章介绍对系统故障进行检测的一个十分有效的办法，就是系统本身具有自检功能，包括指令系统自检、RAM自检、EPROM自检、I/O自检、传感器自检、执行器自检等，自检常采用软件实现，主要方法将在第5章介绍。

第 5 章
测控仪器软件设计

测控仪器要实现自动测试、自动控制以及更为智能化功能,需要设计合理的控制算法等程序软件。跟硬件接口同样重要,软件接口程序的设计也是必不可少的部分,本章对于控制算法的选择以及软件程序设计进行了介绍。

5.1 接口程序设计

几乎所有的测控仪器都包含有:A/D 接口、D/A 接口、人机界面接口以及打印接口等,对各种接口程序的设计分别介绍如下。

5.1.1 ADC0809 与 8031 接口程序

ADC0809 与 8031 的接口电路如图 4.32 所示,在进行软件接口程序设计时,根据实际情况或设计需要,其接口方式可分为等待延时方式、中断方式、查询方式。

1)等待延时方式

图 5.1 为基于 8031 的 ADC0809 采用等待延时方式转换数据的程序流程图。

第一,选择一个存储区域作为数据的存放空间,并设定出该区域首地址;

第二,选择通道 0,并启动转换;

第三,采用纯软件的方式延时,根据不同原理的 A/D 转换设置不同延时时间;

第四,如果 8 个通道都已经转换完毕,读取转换结果并且存储,选择下一通道,若还没有转换完毕则再执行第三步骤。

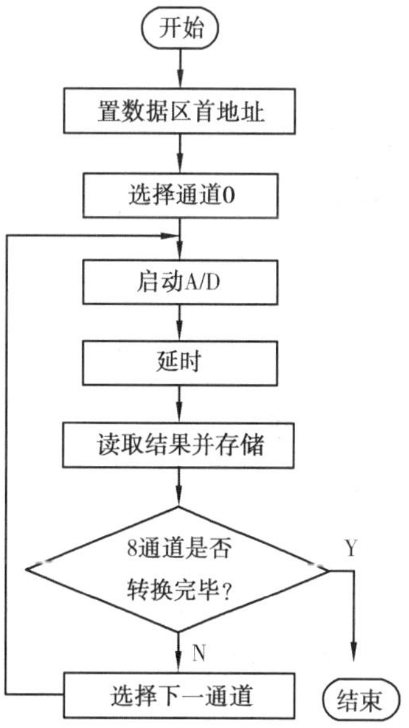

图 5.1 延时转换流程图

2）**中断方式**

图 5.2 为基于 8031 的 ADC0809 采用中断方式转换数据的程序流程图，程序包含主程序及中断服务程序两个模块。

3）**查询方式**

图 5.3 为基于 8031 的 ADC0809 采用查询方式转换数据的程序流程图。ADC0809 在转换过程当中，其内部有一位作为转换完毕的标志位，若一次转换还未完毕，该位为 1，若一次转换完毕，该位为 0。可以在程序当中通过对该位的查询并判断是否 ADC0809 一次数据转换完毕，完毕后，可将转换的数据读出并存储。

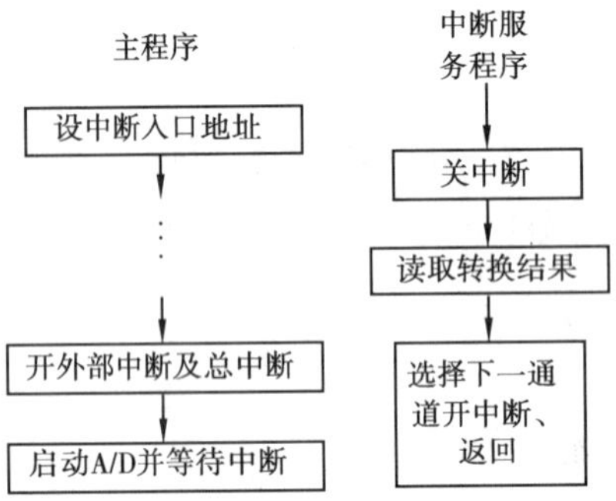

图 5.2　中断转换流程图

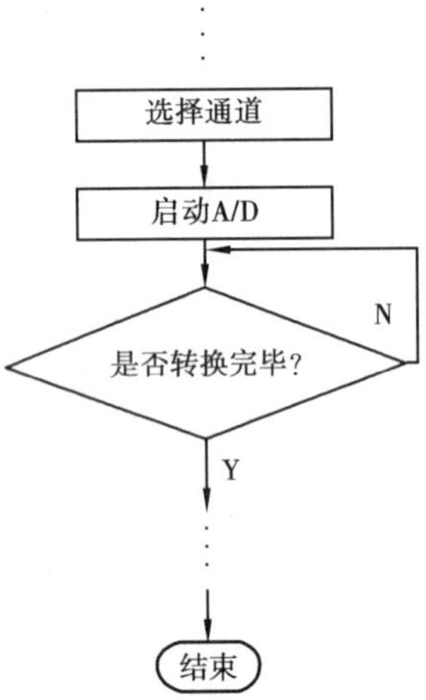

图 5.3　查询转换流程图

5.1.2　DAC0832 与 8031 接口程序

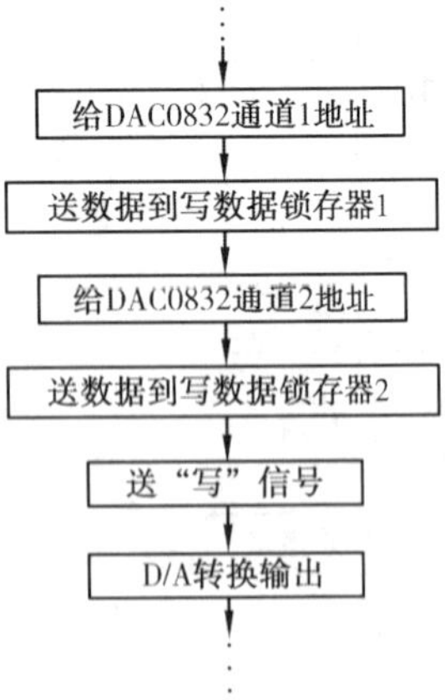

图 5.4　双缓冲 D/A 转换流程图

D/A 转换在测控仪器中跟 A/D 转换同样重要，它能将数字设备处理好的数据转换为模拟信号提供给被控制的外围模拟器件使用。DAC0832 为最常用的 D/A 转换芯片，其工作方式有两种：单缓冲方式和双缓冲方式，可根据设计需要选择。

（1）单缓冲方式接口程序

```
MOV  DPTR,  #0832adress  ;指向 DAC0832
MOV  A,     #DATA        ;数字量先装入累加器
MOVX        @DPTR,A      ;数字量从 P0 口送到 DAC0832
```

地址，“写”有效时，完成一次 D/A 输入与转换。

（2）双缓冲方式接口程序

图 5.4 为基于 8031 的 DAC0832 双缓冲方式数据转换程序流程图，与单缓冲方式一样，当“写”有效时，完成一次 D/A 输入与转换。

5.1.3　人-机接口程序

微机化测控仪器的人-机对话功能主要通过测控仪器操作面板上的键盘和显示记录等装置实现，本节介绍微机化测控仪器的人-机接口程序设计。

1）显示器接口程序

（1）LED 显示技术

LED 数码显示器

7 段 LED 显示器的段排列结构如图 5.5(a) 所示，图 5.5(b)，(c) 给出共阴及共阳极 7 段 LED 显示电路。利用 7 段 LED 显示器显示数字或字母，需要设计一个字型码。

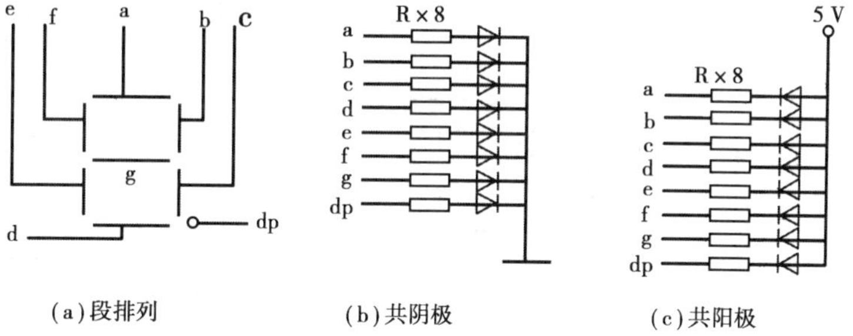

图5.5　七段 LED 显示器

如表 5.1 所示，字型码是单字节结构，对于共阴极 7 段 LED 显示器而言，数字 0 的字型码为 3FH，数字 1 的字型码为 06H。

14 段 LED 显示器的段排列如图 5.6 所示。经适当的组合，可显示数字和 26 个英文字母的大写与小写。字形代码需占用双字节，如表 5.1(b) 所示。14 段 LED 显示器也分为共阴极与共阳极两种结构，对于共阴极 14 段 LED 显示器而言，数字 8 的字形代码为 813FH，字符 M 的字形代码为 0A36H。

表 5.1　字型码表

D7	D6	D5	D4	D3	D2	D1	D0
DP	g	f	e	d	c	b	a

(a)

o	n	m	l	k	j	i	h	dp	×	f	e	d	c	b	a

(b)

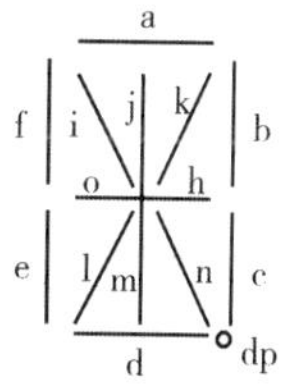

图5.6　14 段 LED 结构

下面分别对静态和动态显示程序流程进行介绍：

a. 利用软件译码的 LED 动态扫描显示方式

用 8155 扩展 I/O 口来进行动态显示如图 5.7 所示，其中 PA 口输出字型码，PB 口输出位选信号即动态扫描信号。设 PA 口工作地址为 0F9H，PB 口工作地址为 0FAH，内部命令/状态寄存器地址为 0F8H，工作方式命令字设为 0F3H，显示流程图见图 5.8。

b. LED 静态显示方式

图 5.9 所示静态显示电路中，8031 的串行口工作方式 0 时，为移位寄存器方式。图中利

用6片串入并出的移位寄存器74LS164作为6位静态显示器的显示输出口,欲显示的8位段码即字型码通过软件译码产生,并由RXD串行送出去,这样,主程序可不必扫描显示器,从而CPU能用于其他工作,程序流程图见图5.10。

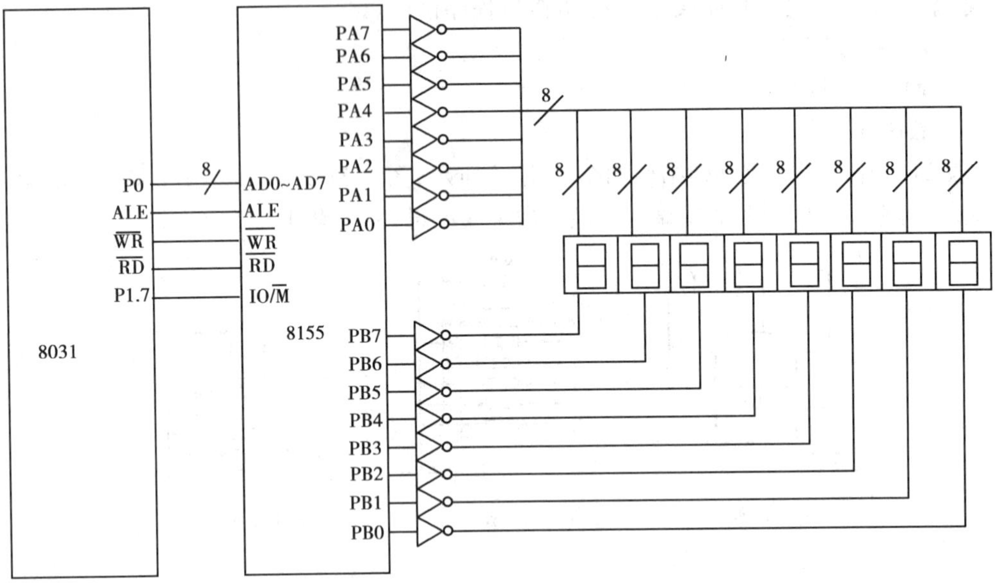

图5.7　8155扩展I/O扫描显示原理图

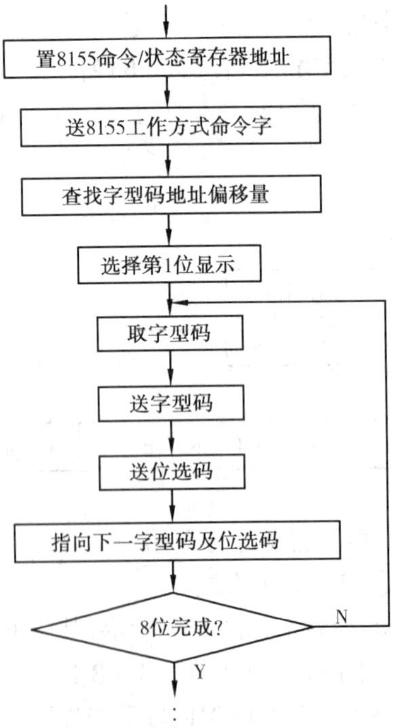

图5.8　8155扩展I/O口LED动态扫描显示流程图

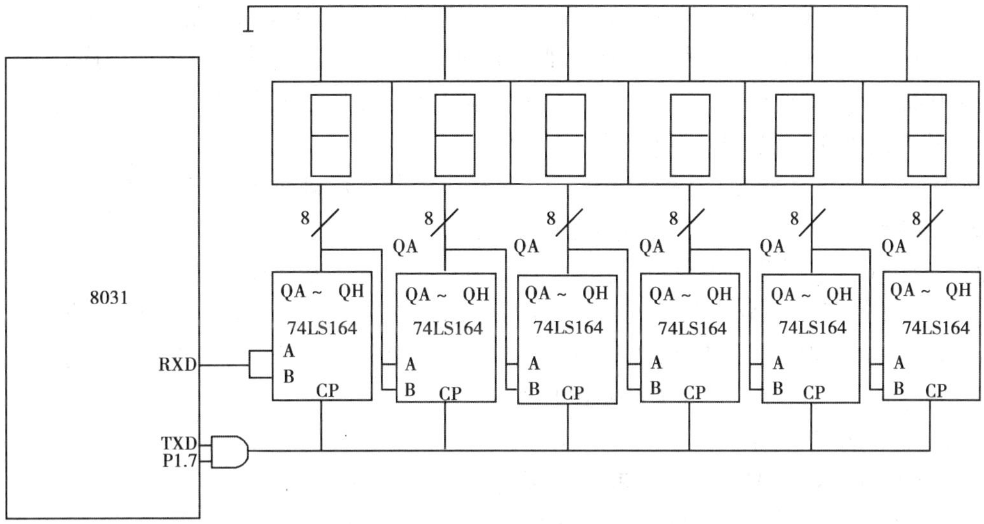

图5.9　LED 静态显示原理图

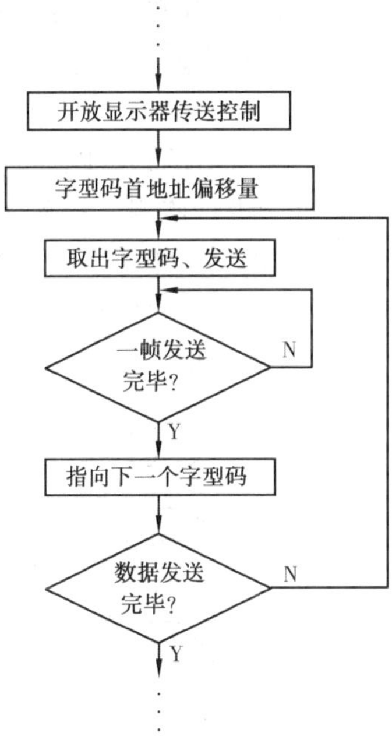

图5.10　LED 静态显示程序流程图

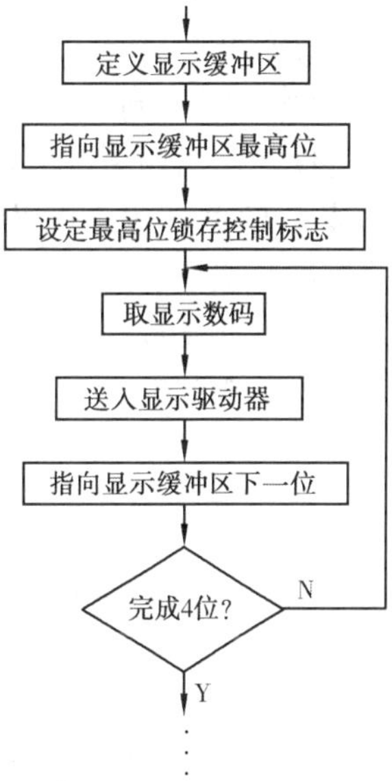

图5.11　LCD 显示程序控制流程图

(2)LCD 数码显示技术

LCD 显示主要由显示缓冲区、锁存控制标志、显示码和显示驱动组成。显示程序控制流程如图5.11 所示。

2)键盘接口程序

(1)键盘工作方式

测控仪器在无按键操作时,通常 CPU 在执行数据采集、数据处理、数据输出等任务。只有当有按键操作时才需要根据闭合键来执行相应的键处理任务,所以,应根据仪器内 CPU 的任务分量来确定键盘的工作方式。

键盘的工作方式可分为编程扫描控制方式、定时扫描控制方式和中断控制方式。

CPU 在一个工作周期内，利用完成其他任务的空余时间，调用键盘扫描子程序，经程序查询，若无按键操作，则返回；若有按键操作，则进而判断是哪个键按下，并执行相对应的键处理程序，这种方式称作编程扫描控制方式。

利用 CPU 内部定时器产生定时中断，CPU 响应中断后对键盘进行扫描，如有键按下则确定键值及执行相应程序，这种方式称为定时扫描控制方式。

测控仪器正常工作时不会经常进行键操作，因而键扫描方式使 CPU 经常处于空查询状态。在 CPU 工作任务十分繁杂的情况下，为提高 CPU 的效率，可以采用中断控制方式。只要有按键按下，便向 CPU 申请中断，CPU 响应中断后，在中断服务子程序中进行键盘扫描、查键值与键处理等工作，这种方式称为中断控制方式。

(2)键盘操作管理流程

键盘管理在测控仪器当中占有重要的地位，其基本任务如下：

a. 监测有无按键按下；b. 判断是哪个按键按下；c. 完成键处理任务。图 5.12 给出了单片机应用系统键盘管理程序框图。

当键盘键数较多，通常采用软件延时的方法去除抖动影响：当监测到有按键按下时，调用一个延时(一般为 5 ~20 ms)子程序，然后再次监测到该键电平仍为闭合状态，才确认该键已按下，并进行相应处理工作。

串键：所谓串键是指同时有一个以上的按键按下。串键会引起微机的错误响应。通常用软件提供串键保护。当判断一个以上的按键被按下时，则返回重新进行监测。只有当监测到只有一个键被按下时，才去查键号、执行相应键处理工作。为了防止误操作的不良影响，应从软件设计着手设置保护。对于某些设定参数的按键，如果参数存在上、下限要求，可采取软件限幅措施。对于某些参数如存在非法数值，可由软件判断，必要时予以拒绝接收。图 5.13 为键盘扫描子程序流程图。

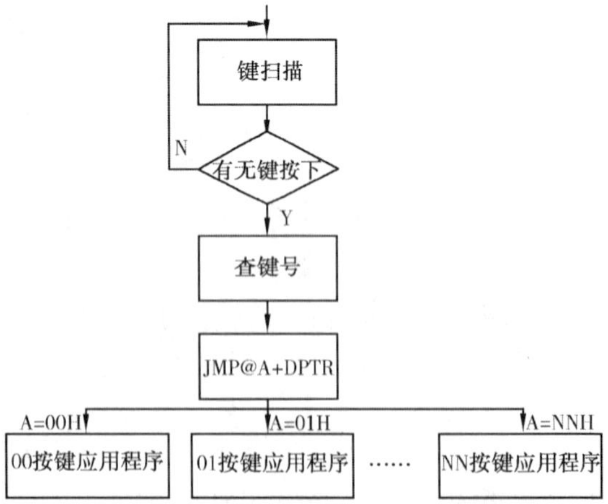

图 5.12　键盘管理程序流程图

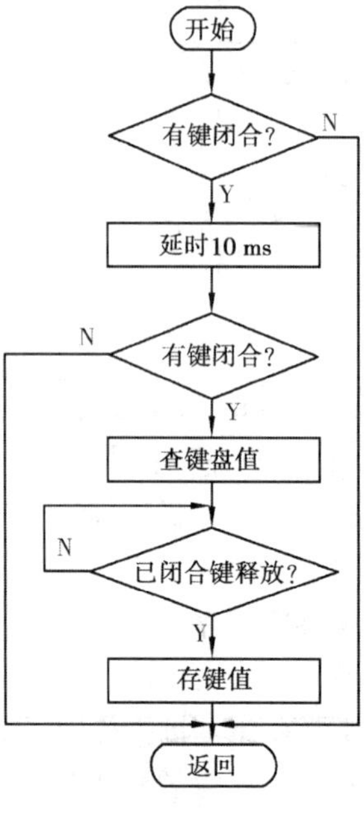

图 5.13　键盘扫描子程序流程图

(3)独立式键盘接口程序

独立式键盘的按键可以直接与 CPU 的 I/O 口相接,也可以用扩展 I/O 口来搭接独立式按键接口电路。下面是查询方式的键盘程序,接口电路见图 4.15。

```
START:   MOV     A,#0FFH              ;输入时先置 P1 口为全 1
         MOV     P1,A
         MOV     A,P1                 ;键状态输入
         JNB     ACC.0,P0F            ;0 号键按下转 P0F 标号地址
         JNB     ACC.1,P1F            ;1 号键按下转 P1F 标号地址

         JNB     ACC.7,P7F            ……………………………
         JMP     START
         P0F:      JMP    PROM0       ;入口地址表,以下 7 行
         P1F:      JMP    PROM1
                   ……
         P7F:      JMP    PROM7
         PROM0:    …                  ;0 号键功能程序
         PROM1:
         …
         PROM7:
```

由此程序可以看出,各按键设置了优先级,优先级顺序依次为 0 ~ 7。

(4)矩阵式键盘接口及键盘程序

对于图 4.18 所示由 8155 扩展的行列式键盘其接口程序流程分析如下:

a. 判断键盘上有无键按下,方法为:PA 口输出全扫描字 00H, 读 PC 口状态。若 PC0 ~ PC3 为全"1",则键盘无键按下;若不是全为"1",则有键按下。

b. 去键的机械抖动影响:在判断有键按下后,软件延时一段时间(5 ~ 10 ms)后再判断键盘状态,如果仍为有键按下状态,则认为有一个稳定的键按下,否则作为按键抖动处理。

c. 判别闭合键的键号:对键盘的列线进行扫描,即逐列置"0"电平。PA 口依次输出列扫描字:FEH,FDH,FBH,…,7FH(输出首列扫描字 FEH 后顺序将扫描字左移一位,即可)。每输出一个扫描字,紧接着读 PC 口状态,若 PC3 ~ PC0 为全"1",则列线输出为"0"的这一列上没有键闭合,否则这一列上有键闭合。确定是哪一个键按下后,下一步就是求出键号送累加器 A,闭合的键的键号等于低电平的列号加上低电平的行的首键号。在图 4.18 所示的行列矩阵中,每行的行首键号自上向下依次为 0、8、16(10H)、24(18H),列号依列线顺序(自左至右)依次为 0 ~ 7。例如,PA 口的输出依次为 11111101(即 PA1 = 0,列号为 1)时,读出 PC3 ~ PC0 为 1101(即 PC1 = 0,行号为 1),则 1 行 1 列相交的键处于闭合状态。因第一行的首键号为 8,列号为 1,故闭合的键号为:N = 行首键号 + 列号 = 8 + 1 = 9。

d. CPU 对键的一次闭合仅作一次处理,采用的方法为等待键释放以后再将键号送入累加器 A 中。

程序流程图见图 5.14。

(5)采用 8279 接口芯片的键盘/显示器接口

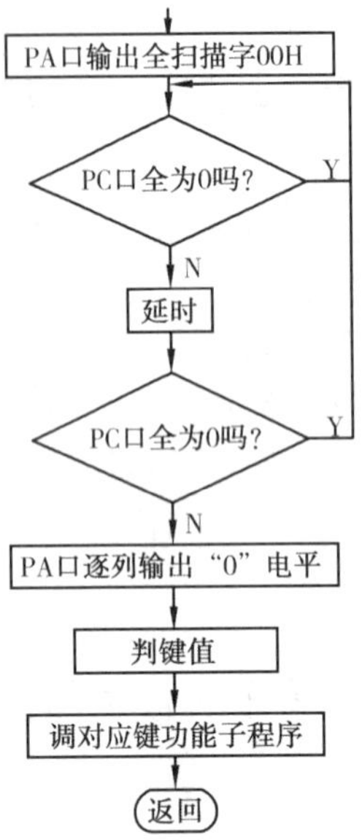

图 5.14 键盘控制程序流程图

上面是采用软件方法实现对键盘和显示器的扫描,不但程序比较复杂,而且实时性差。若要简化键盘编码所需的软件和减少占用 CPU 的时间,可以选用键盘编码用的接口电路来构成编码式键盘。编码键盘系统是由硬件电路实现键盘编码的,这种由硬件来识别键闭合、键释放状态,由硬件消除键抖动以及实现一些保护措施的方法,可以节省 CPU 相当多的时间。大规模集成电路芯片 8279,就是一种可编程键盘/显示器接口芯片(详见第 4 章有关章节)。

图 4.20 为 8279 与 4 × 8 键盘、8 位显示器以及 8031 的接口逻辑,图中键盘的行线接 8279 的 RL0 ~ RL3。SL0 ~ SL2 经 74LS138 译码,输出键盘的 8 条列线,SL0 ~ SL2 又由 74LS138(2)译码,并经 75451 驱动后,输出到各位显示器的公共阴极。控制 74LS138(2)的译码,当位切换时,$\overline{BD}$ 输出低电平,使译码器输出全为高电平,相关程序流程图见图 5.15。

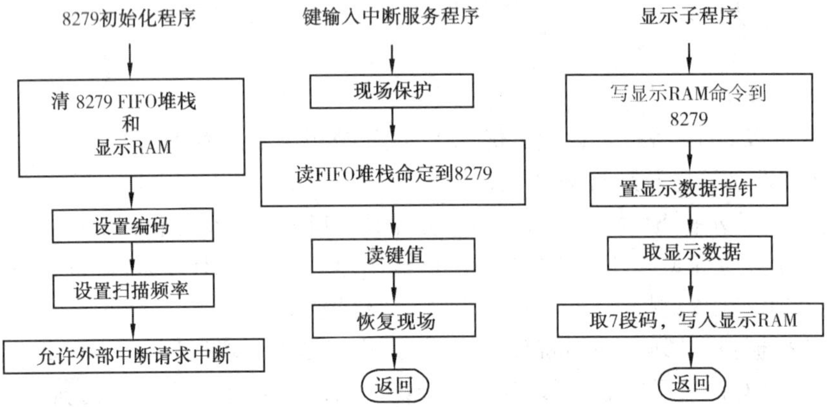

图 5.15 8279 键盘及显示控制程序流程图

3)打印机接口程序

测控仪器与微型打印机接口电路见图 4.21,图中 BUSY 接 INT1(P3.3),因此,不改变连接方法即能用于中断方式(INT1)或查询方式(P3.3)。如果使用其他 I/O 口或扩展 I/O 口,只需将 P0 口线换成其他 I/O 口或扩展 I/O 口即可。按照图中连接,GP16 的打印机地址为 7FFFH,读取 GP16 状态字时,8031 执行下列程序段:

```
MOV     DPTP,#7FFFH
MOVX    A,@ DPTR
```

将命令或数据写入 GP16 时,8031 执行下列程序段:

```
MOV     DPTR,#7FFFH
MOV     A,#DPTR/COM
MOVX    @ DPTR,A
```

5.2　控制算法

5.2.1　测量数据处理有效性

有效性处理的目的是判断采样进来的数据是否有效，主要有以下一些方法：

(1)当被测参数变化缓慢时，可用本次采样值与上次采样值相比较，计算出二者之差，若差值大于某个阀值，则该数据不可信。

(2)利用相关参数的变化率互相检验，例如汽车排气温度与真空之间有较强的相关性，当排气温度上升时，真空必然按一定关系下降，若不符合这种规律则数据不可信。

(3)对于一些重要参数，可在同一处安装两台同样的装置，将数据送入微机，计算二者的差值，当差值超过一定数值时，则此数据不可信。

(4)限值判断，各种采样数据，当超出最大可能的范围时，数据不可信。

(5)线性化处理，有很多采样信号与其对应的被测参数之间呈非线性关系，为提高测量精度，降低误差，必须采取适当的线性化措施，使其对应关系成为线性。

5.2.2　克服随机误差的数字滤波法

在测控仪器的测量通道中难免窜入各种随机干扰，从而使 A/D 送入微机的数据存在误差，这种因随机干扰而引入的误差称为随机误差。

为了克服随机干扰引入的误差，可以采用硬件进行滤波，也可以用软件算法来实现数字滤波。

由于数字滤波具有可靠稳定，节省硬件，节省成本，方便灵活，不会丢失原始数据等优点，在测控仪器中应用较为普遍。

下面介绍几种常用的数字滤波算法。

1)限幅滤波

尖峰脉冲干扰信号随时可能窜入测量仪器中，使得测量信号突然增大，造成严重失真。对于这种随机干扰，限幅滤波是一种十分有效的方法。其基本原理是：通过比较相邻(n 和 $n-1$ 时刻)的两个采样值 y_n 和 y_{n-1}，如果它们的差值过大，超出了参数可能的最大变化范围，则认为发生了随机干扰，并视这次采样值 y_n 为非法值，予以剔除。y_n 作废后，可以用 y_{n-1} 代替 y_n 或采用递推的方法，由 y_{n-1}，y_{n-2}来近似推出 y_n，其相应的算法为：

$$\Delta y_n = |y_n - y_{n-1}| \begin{cases} \leqslant a & y_n = y_n \\ > a & y_n = y_{n-1} \end{cases} \tag{5.1}$$

式中，a 表示相邻两个采样值之差的最大可能变化范围，上述限幅滤波算法很容易用程序判断的方法实现，故也称为程序判断法。

在应用这种方法时，关键在于最大允许偏差 a 的选择。由于过程的动态特性决定其输出参数的变化速度，因此通常按照输出参数可能的最大变化速度 V_{max} 及采样周期 T 来决定 a 值，即

$$a = V_{max} T \tag{5.2}$$

2)**中位值滤波**

中位值滤波就是对某一被测参数连续采样 n 次(一般 n 取奇数),然后把 n 次采样值按大小排队,取中间值为本次采样值。中位值滤波能有效的克服因偶然因素引起的波动或仪器不稳定引起的误码所造成的脉冲干扰。对温度等缓慢变化的被测参数,采用这种方法能收到良好的效果;但对于流量、压力等快速变化的参数,一般不采用中位值滤波算法。

3)**平均滤波**

(1)算术平均滤波

算术平均滤波算法就是连续取 N 个采样值进行平均。其数学表达式为:

$$\bar{y} = \frac{1}{N}\sum_{i=1}^{N} y_i \tag{5.3}$$

算术平均滤波算法适用于对具有随机干扰的信号进行滤波。这种信号的特点围绕着一个平均值,在某一范围附近做上下波动,因此仅取一个采样值作为滤波值是不准确的。算术平均滤波算法对信号的平滑程度完全取决于 N。从理论上讲,在无系统误差的情况下,当 N 趋于无穷时,其平均值将趋近于最大期望值,但实际上 N 是有限的。当 N 较大时,平滑度高,但灵敏度低;当 N 较小时,平滑度低,但灵敏度高。应根据具体情况选取 N,既保证滤波效果,又尽量减少计算时间。

算术平均滤波算法,每计算一次数据,需测量 N 次,这种方法不适于测量速度较慢或要求数据计算速度较快的实时系统。

(2)递推平均滤波

递推平均滤波只需进行一次测量就能得到当前的算术平均滤波值。其基本原理为:把 N 个测量数据看成一个队列,队列的长度固定为 N,每进行一次新的测量,把测量结果放入队尾,而扔掉队首的一次数据,这样队列中始终有 N 个"最新"的数据。计算滤波值时,只要把队列中的 N 个数据进行算术平均就可以得到新的滤波值。这样每进行一次测量,就可以计算得到一个新的平均滤波值,这就是递推平均滤波算法,其数学表达式为:

$$\overline{y_n} = \frac{1}{N}\sum_{i=0}^{N-1} y_{n-i} \tag{5.4}$$

式中 $\overline{y_n}$——滤波后的输出;

y_n——未经滤波的第 n 次采样值;

y_{n-1}——未经滤波的第 $n-1$ 次采样值;

N—— 递推平均项数。

即第 n 次采样的 N 项递推平均值是 $n, n-1, \cdots, n-(N-1)$ 次采样值的算术平均,与算术平均法相似。

递推平均滤波算法对周期性干扰有良好的抑制作用,平滑度高,灵敏度低;但对偶然出现的脉冲性干扰的抑制作用差,不易消除由于脉冲干扰所引起的采样值偏差,因此它不适用于干扰比较严重的场合,而适用于高频振荡系统。通过观察不同 N 值的递推平均滤波器的输出响应来选取 N 值,以便既少占用 CPU 时间,又能达到最好的滤波效果。

(3)加权递推平均滤波

算术平均滤波和递推加权滤波法中,N 次采样值在输出结果中的比重是均等的,即 $1/N$。用这样的滤波算法,对于时变信号会滞后,N 越大,滞后越严重。为了增加新鲜采样数据在递推中的比重，以提高系统对于当前干扰的抑制能力，可以采用加权递推平均滤波算法。它是递推滤波算法的改进，即不同时刻的数据加以不同的权，通常越接近现时刻的数据，权重越大。N 项加权递推平均滤波算法为：

$$\overline{y_n} = \frac{1}{N}\sum_{i=0}^{N-1} c_i y_{n-i} \tag{5.5}$$

(4) 去极值平均滤波

算术平均滤波对于抑制随机干扰效果较好，但对于脉冲干扰的抑制能力弱，明显的脉冲干扰会使平均值远离实际值。而中值滤波对脉冲干扰的抑制却非常有效，因而可以将两者结合起来形成去极值平均滤波。去极值平均滤波的算法是：连续采样 N 次，去掉一个最大值，去掉一个最小值，再求剩下 $N-2$ 个采样的平均值。根据上述思想可作出去极值平均滤波程序框图如图 5.16 所示。

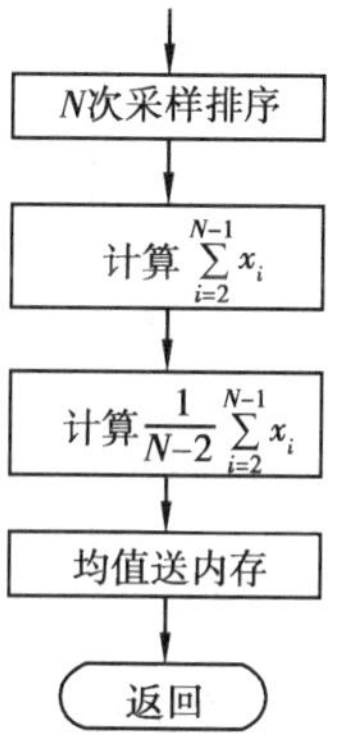

图 5.16　去极值平均滤波流程图

4) 复合滤波

在实际应用中，所面临的随机扰动往往不是单一的，有时既要消除脉冲干扰，又要做数据平滑。因此，常把前面所介绍的两种以上的方法结合起来使用，形成复合滤波。例如：防脉冲扰动平均值滤波算法就是一种应用实例。这种算法的特点是先用中位值滤波算法滤掉采样值中的脉冲性干扰，然后把剩余的各采样值进行递推平均滤波，基本算法如下：

如果 $x_1 \leqslant x_2 \leqslant \cdots \leqslant x_n$，其中 $3 \leqslant n \leqslant L$（$x_1$ 和 x_n 分别是所有采样值中的最小值和最大值），则

$$y_n = (x_2 + x_3 + \cdots + x_{n-1})/(n-2) \tag{5.6}$$

由于这种滤波算法兼容了递推平均滤波算法和中值滤波算法的优点，所以，无论对缓慢变化的过程变量，还是对快速变化的过程变量，都能起到较好的滤波效果。

上面介绍了几种使用较普遍的克服随机干扰的软件算法。在一个具体的测控仪器中究竟选用哪些滤波算法，取决于其使用场合及过程中所含有的随机干扰情况。

5.3　数字 PID 控制算法

按偏差的比例、积分、微分控制简称 PID 控制，是连续系统中技术成熟、应用最广泛的控制方法。在模拟 PID 算法数字化基础上发展起来的数字 PID 算法，在过程微机控制系统中，依然应用广泛。

5.3.1　位置式和增量式 PID 控制算法

1) 模拟 PID 控制器离散化

模拟 PID 控制器的理想算式为：

$$u(t) = K_p\left[e(t) + \frac{1}{T}\int e(t)\,\mathrm{d}t + T_\mathrm{d}\frac{\mathrm{d}e(t)}{\mathrm{d}t}\right] \tag{5.7}$$

由式(5.7)经过离散,变换等处理,可以得到数字 PID 的表达式:

$$u(k)=u(k-1)+K_P[e(k)-e(k-1)]+K_Ie(k)+K_D[e(k)-2e(k-1)+e(k-2)] \tag{5.8}$$

2)**位置式 PID 算法**

对模拟 PID 控制规律式(5.7),当采样周期 T 很小时,可通过离散化将这一方程直接化为差分方程,为此可作如下近似:

$$\begin{cases} t\approx kt \quad k=0,1,2,\cdots \\ \int_0^t e(t)\mathrm{d}t\approx \sum_{j=0}^{k} e(jT)\cdot T=T\sum_{j=0}^{k} e(j) \\ \dfrac{\mathrm{d}e(t)}{\mathrm{d}t}\approx \dfrac{e(kT)-e[(k-1)T]}{T} \\ \qquad =\dfrac{e(k)-e(k-1)}{T} \end{cases} \tag{5.9}$$

其中,T 为采样周期;k 为采样序号;$e[(k-1)T]$,$e(kT)$ 等简化为 $e(k-1)$,$e(k)$,分别为 $k-1$ 和 k 次采样所得的偏差信号。

将式(5.9)代入式(5.7),可得差分方程

$$u(k)=K_P\left\{e(k)+\frac{T}{T_i}\sum_{j=0}^{k}e(j)+\frac{T_d}{T}e(k)-e(k-1)\right\} \tag{5.10}$$

或

$$u(k)=K_Pe(k)+K_I\sum_{j=0}^{k}e(j)+K_D[e(k)-e(k-1)] \tag{5.11}$$

式中,$u(k)$ 是 k 时刻的控制量。

如果采样周期 T 较被控对象时间常数 TP 小得多,那么上述近似是合理的,且与连续控制是十分近似的。这种控制算法是非递推公式,由于结果是控制量的绝对值 $u(k)$,将对应执行机构的实际位置,故这种算法又称为 PID 的位置算法。

3)**增量式 PID 算法**

增量式算法是位置式算法的改进。根据式(5.10)或式(5.11),可写出 $k-1$ 次采样输出为:

$$\begin{aligned} u(k-1)&=K_P\left\{e(k-1)+\frac{T}{T_i}\sum_{j=0}^{k-1}e(j)+\frac{T_d}{T}[e(k-1)-e(k-2)]\right\} \\ &=K_Pe(k-1)+K_I\sum_{j=0}^{k-1}e(j)+K_D[e(k-1)-e(k-2)] \end{aligned} \tag{5.12}$$

将式(5.11)减去式(5.12),得 k 时刻控制量增量:

$$\Delta u(k)=K_P[e(k)-e(k-1)]+K_Ie(k)+K_D[e(k)-2e(k-1)+e(k-2)] \tag{5.13}$$

由于 $\Delta u(k)$ 是 k 时刻控制输出的增量,故称式(5.13)为增量式算法。对应 k 时刻的实际控制输出为:

$$u(k)=u(k-1)+\Delta u(k) \tag{5.14}$$

其中,$u(k-1)$ 为 $k-1$ 时刻的控制输出。

为了编程方便，将式(5.13)同类项合并，整理得：

$$\Delta u(k)=Ae(k)+Be(k-1)+Ce(k-2)$$

$$A=K_P\left(1+\frac{T}{T_i}+\frac{T_d}{T}\right)$$

$$B=-K_P\left(1+2\frac{T_d}{T}\right) \tag{5.15}$$

$$C=K_P\cdot\frac{T_d}{T}$$

根据上述可画出程序流程图，如图 5.17 所示。

5.3.2　改进的 PID 控制算法

为解决计算机过程控制中的一些实际问题，以便进一步提高控制性能，发挥计算机控制的优点，针对数字 PID 控制算法的一些不足，下面介绍相关的改进算法。

1）微分项的改进

微分作用是按偏差的变化趋势进行控制。它有利于改善高阶系统的调节品质，同时也会带来相位超前，从而有利于改善系统的稳定性。但其对输入信号的噪声很敏感，所以对于噪声较大的系统，一般不引入微分作用。另外，理想的微分作用会由于偏差的阶跃变化而引起输出的大幅度变化，从而引起执行机构在全范围内剧烈动作，这对控制过程往往是不利的。因此，对上述微分作用必须作适当改进。

（1）不完全微分型 PID 控制算法

不完全微分，即用实际 PD 环节来代替理想 PD 环节。这样，在偏差变化较快时，微分作用不至太强烈，且其作用可保持一段时间。

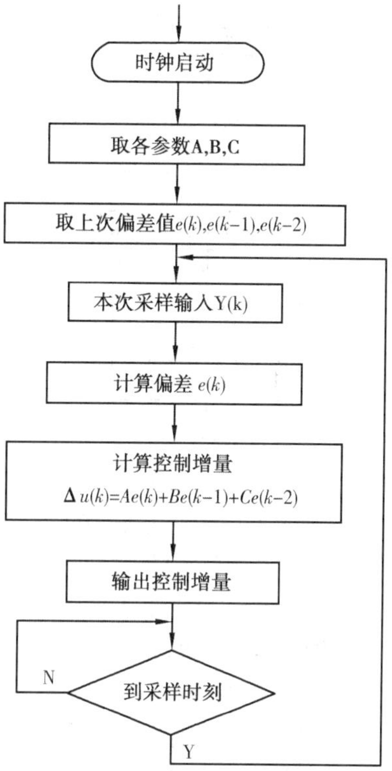

图 5.17　PID 增量算法流程图

不完全微分 PID 算法的传递函数为：

$$G_C(s)=\left(\frac{T_DS+1}{\dfrac{T_D}{K_D}S+1}\right)\left(1+\frac{1}{T_1S}\right)K_P \tag{5.16}$$

引入不完全微分项后，系统的响应得到了改善。

同完全微分型一样，不完全微分的数字 PID 算式也有位置型和增量型。

不完全微分的连续 PID 算式可用以下面两式表示：

$$U_D(S)=\frac{T_DS+1}{\dfrac{T_D}{K_D}S+1}E(S) \tag{5.17}$$

$$U(S)=K_P\left(1+\frac{1}{T_1S}\right)U_D(S) \tag{5.18}$$

由上式可以得到不完全微分型数字 PID 算式输出的增量值：

$$T_1 \frac{u(n) - u(n-1)}{T} = K_P T_1 \frac{u_D(n) - u_D(n-1)}{T} + K_P u_D(n) \tag{5.19}$$

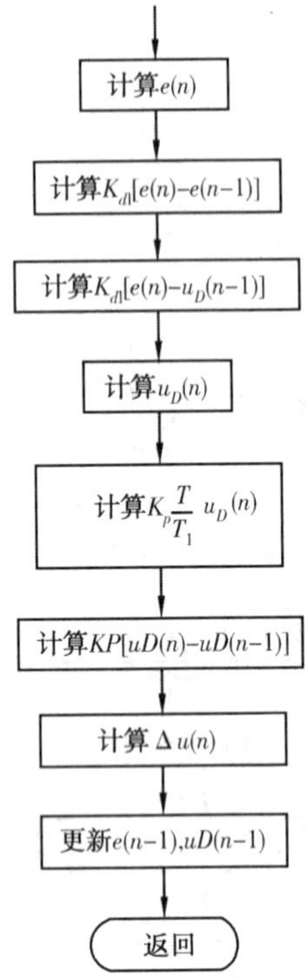

图 5.18　不完全微分 PID 算法流程图

图 5.18 给出了不完全微分型数字 PID 算法的程序流程图。

(2)微分先行和输入滤波

微分先行是把对偏差的微分改为对被控量的微分，这样在给定值变化时，不会产生输出的大幅度变化。而且由于被控量一般不会突变，即使给定值已发生改变，被控量也是缓慢变化的，从而不致引起微分项的突变。微分项的输出增量为：

$$\Delta u_D(n) = \frac{K_P}{T}[\Delta c(n) - \Delta c(n-1)] \tag{5.20}$$

克服偏差突变引起微分项输出大幅度变化的另一种方法是输入滤波。所谓输入滤波就是在计算微分项时，不是直接应用当前时刻的误差 $e(n)$，而是采用前面时刻值的平均值：

$$\bar{e} = \frac{1}{4}[e(n) + e(n-1) + e(n-2) + e(n-3)] \tag{5.21}$$

其增式为：

$$\Delta u_D(n) = \frac{K_P T_D}{6T}[\Delta e(n) + 3\Delta(n-1) - 3e(n-2) - \Delta e(n-3)] \tag{5.22}$$

2)积分项的改进

(1)抗积分饱和

积分作用虽能消除控制系统的静差，但它也有一个副作用，即会引起积分饱和，确切的说是积分过量。由于积分项引起的过积分作用称为积分饱和现象。

①积分限幅法

消除积分饱和的关键在于不能使积分项过大。积分限幅法的基本思想是积分项输出达到输出限幅值时，即停止积分项的计算，这时积分项的输出取上一时刻的积分值，其算法程序流程图如图 5.19。

②积分分离法

积分分离法的基本思想是在偏差大的时候不进行积分，仅当偏差的绝对值小于预定的门限值 ε 时才进行积分累积。这样既防止了偏差大的时候有过大的控制量，也避免了过积分现象。其算法程序流程图如图 5.20 所示。

③变速积分法

积分的目的是为了消除静差，因此要求在偏差较大时积分慢一些，作用相对弱一些；而在偏差较小时，积分快一些，作用强一些，以尽快消除静差。基于这种想法的一种算法是对积分项中的 $e(n)$ 作适当变化，即用 $e'(n)$ 来代替 $e(n)$，即

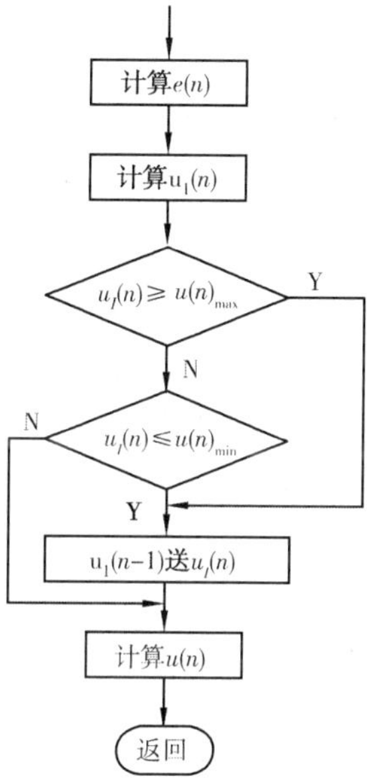

图 5.19　积分限幅法流程图

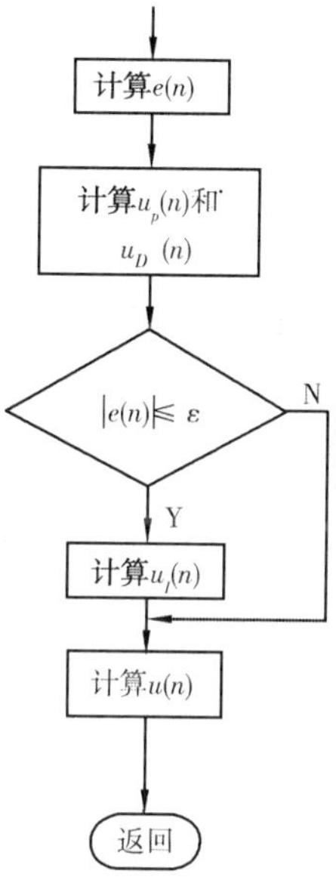

图 5.20　积分分离法流程图

$$e'(n)=f(|e(n)|)e(n) \tag{5.23}$$

$$f(|e(n)|)=\begin{cases}\dfrac{A-|e(n)|}{A} & |e(n)|<A\\ 0 & |e(n)|>A\end{cases} \tag{5.24}$$

式中，A 为预定的偏差限。

3）消除积分不灵敏区

数字 PID 的增量型控制算式中的积分项输出为

$$\Delta u_1(n)=K_{1e}(n)=K_P\frac{T}{T_1}e(n) \tag{5.25}$$

由于计算机字长的限制，当运算结果小于字长所能表示的数的精度时，计算机就作为"零"将此数据丢掉。从式(5.25)可知，当计算机的运行字长较短，采样周期 T 也短，而积分时间 T_1 又较长时，$\Delta u_1(n)$容易出现小于字长的精度而丢数，此积分作用消失，这就称为积分不灵敏区。

为了消除不灵敏区，通常采用以下措施：

①增加 A/D 转换位数，加长运算字长，这样可以提高运算精度。

②当积分项 $\Delta u_1(n)$连续 N 次出现小于输出精度 ε 的情况时，不要把它们作为"零"舍掉，而是把它们一次次累加起来，即

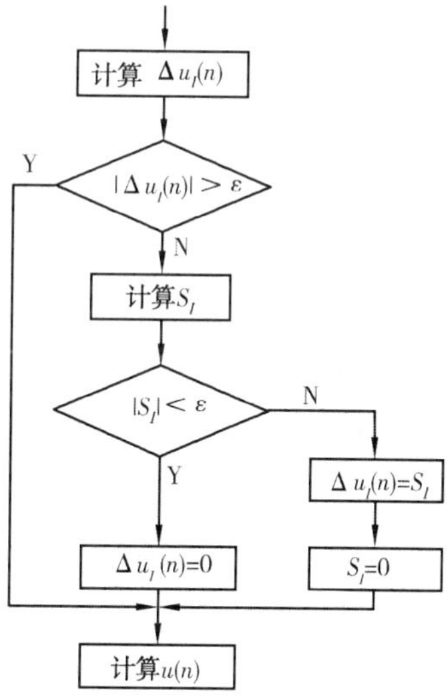

图 5.21　变速积分法流程图

$$S_I=\sum_{i=1}^{N}\Delta u_1(i) \tag{5.26}$$

直到累加值 S_I 大于 ε 时，才输出 S_I 同时把累加单元清零，其程序流程如图 5.21 所示。

5.4 自动量程转换与标度变换

5.4.1 量程自动转换电路的控制

如果假设图4.35所示自动量程转换电路的后续A/D转换电路具有5位十进制有效读数，且各相邻量程分挡误差的绝对值之和小于0.5%，程序流程如图5.22所示。

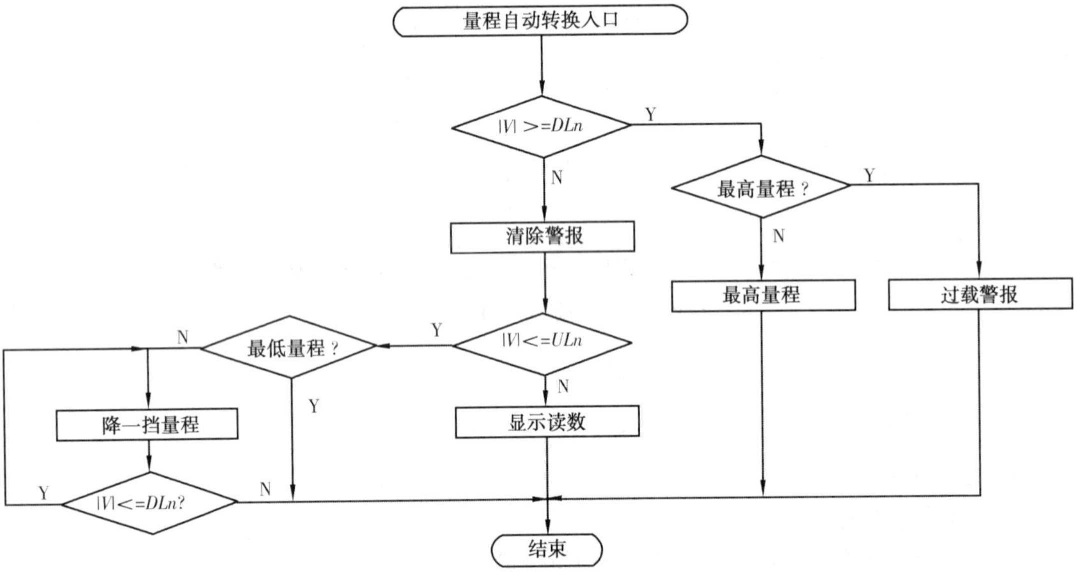

图5.22 自动量程转换程序流程图

自动量程转换程序由主程序完成一次测量后调用。该程序被调用时，将根据最新的测量数据与现行量程的阈值进行比较。若现行量程合适，则显示量程读数后返回主程序。反之，则进行量程选择，找到新的合适量程后，返回主程序。下一次测量就在新选择的量程下进行，整个流程分为三条支路，分别是降量程、保护现行量程和升量程。

当测量读数小于现行量程降量程阈值，即$|V_i|<DL_n$时，实施降量程操作。降量程操作采用逐挡阈值比较，直到读数大于阈值，即$|V_i|>DL_n$时为止。由于最低量程降量程阈值为零，所以总能找到合适量程。当$|V_i|>UL_n$时，程序进入升量程支路，升量程采用一次置到高量程的方法，也就是说，每当发生超载后的第一次测量总在最高量程下进行。若最高量程并非为合适量程，那么在下一次量程自动转换程序被调用时，会自动实施降量程操作并找到合适量程。这种方法好处在于能通过一次中间测量即可找到合适量程，而且输入电路的过载时间最短，仅为一次测量时间。

5.4.2 标度变换

测控仪器通常需要在仪器面板上显示被测对象的测量结果，以便仪器操作人员观察和了解。被测信号在由测控仪器的测量探头探测接收后，要经历很多环节的处理，才能在系统面板上显示出来,这些环节连成的通道就是被测信号从接收到显示所经历的通道,称之为测量通道。如果忽略那些不影响显示的环节,则测量通道可用图 5.23 所示框图来表示。图 5.23 中(a)、(b)表示非微机化普通测控仪器的情况,5.23(c)、(d)表示微机化测控仪器的情况。

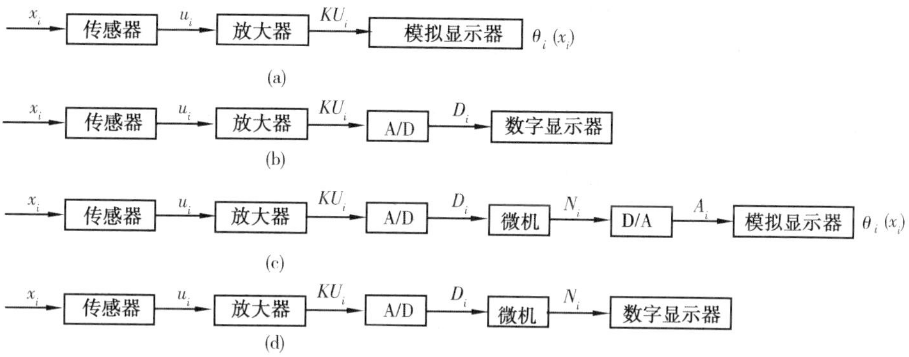

图 5.23　测量通道框图

由图可见,测量结果的显示有模拟和数字两种形式。无论是模拟显示还是数字显示,在测量通道中都经历了多次转换即多次量纲变化。因此,为了使操作人员能从显示器上直接读出带有被测量量纲单位的数值,就必须进行必要的变换,这个变换称为标度变换。

1)数字显示的线性通道标度变换

图 5.23(b)和(d)所示数字测量通道中,通常要求数字显示器能显示被测量 x_0 的数值 N_i,即

$$N_i = \frac{x_i}{x_0} \tag{5.27}$$

式中,x_0 为被测对象的测量单位(如温度的单位℃,质量单位 kg 等)。但是 A/D 转换结果 D_i 与被测量的数值 N_i,并不一定相等。因此,不能当作测量值去显示或打印,必须把 A/D 转换结果的数字变成与被测量值相对应的值去显示,这个就要用到标度变换。

对于那些不包含任何非线性环节的数字化测量通道,图 5.23(b)和(d)中 A/D 转换结果 D_i 与被测量 $x_i = x_0 N_i$,存在如下线性关系:

$$D_i = \frac{KU_i}{E/N_{FS}} = \frac{x_i SK}{E/N_{FS}} = \frac{x_0 N_i SK}{E/N_{FS}} \tag{5.28}$$

式中　S——传感器灵敏度;

E——A/D 转换器满量程输入电压;

N_{FS}——A/D 转换满量程输出数字。

只要适当选择和调整放大器增益 K 使它满足以下条件:

$$\frac{x_0 KS}{E/N_{FS}} = 1 \tag{5.29}$$

就可以使 A/D 转换结果 D_i 与被测量 x_i 的数值 N_i 相等,在这种情况下才可以将 A/D 转换结果作为被测量的数值去显示或打印。当然也可以通过调整传感器的灵敏度或调整 A/D 转换器基准电压来实现。

在线性测量通道中,被测量的值 N_i 与 A/D 转换结果 D_i 存在如图 5.24 所示的线性关系,由图可得如下标度变换公式:

$$N_i = D_L(D_i - D_L)\frac{N_H - N_L}{D_H - D_L} \tag{5.30}$$

式中　N_H, N_L——线性测量范围的上、下限；

D_H, D_L——N_H, H_L 对应的 A/D 转换结果；

D_i——被测量 N_i 对应的 A/D 转换结果。

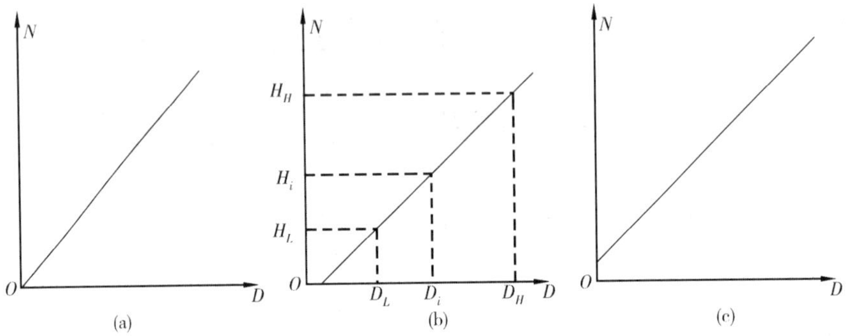

图 5.24　转换结果与被测量线性关系

式(5.30)也可改写成为如下形式：

式中：

$$A = \frac{N_H - N_L}{D_{H-D_L}};B = D_L(1 - A)$$

按式(5.30)进行标度变换时，只需进行一次乘法和一次加法。在编程前，先根据(N_H，D_H)，(N_L,D_L)求出 A 和 B，然后按式(5.30)编出程序。

2)数字显示的非线性通道标度变换

如前所述，很多传感器的输入、输出特性都是非线性的，在这种情况下测量通道的 A/D 转换结果 D_i 与被测量 x_i 也就不成线性关系，因此不能再用上述线性通道的标度变换方法。

一种解决方案是在非线性测量通道中增设线性校正电路，将非线性通道改造为线性通道，就可按照线性通道的标度变换公式(5.31)进行标度变换。

$$N_i = A \cdot D_i + B \tag{5.31}$$

有的非线性测量通道的 A/D 转换结果与被测量 x 写不出简单的标度变换公式。可以在图 5.24(b)中增设 EPROM 线性化器，如图 5.25 所示。

图 5.25　转换结果线性化框图

首先，通过校准实验获得每个标准输入 $x_i = x_0 N_i$ 产生的 A/D 转换数据 D_i，把标准输入值 N_i 写入 D_i 为地址的 EPROM 存储单元中，这样每当 A/D 转换器产生一个数据 D_i，就能以 D_i 作为访问地址从 EPROM 的该地址存储单元中读出与 D_i 相对应的 N_i 值。这种标度变换方案的优点是变换速度快；缺点是需要标准数据太多，以一个 n 位的二进制 A/D 转换数据 D_i 作为地址能访问的存储单元有 2^n 个，这就需要获得和存储 2^n 个校准实验数据。

5.5　校正算法

5.5.1　系统误差模型的建立

系统误差是指按一定规律变化的误差，它是由于测量系统内部的原因造成的，由于系统误差有规律，因此可以利用一定的算法进行校准或补偿。

校正系统误差的关键在于建立系统误差模型。建模的方法很多，下面介绍常用的代数插值法和最小二乘法。

1）代数插值法

设有 $n+1$ 组离散点 $(x_0,y_0),(x_1,y_1),\cdots,(x_n,y_n)$，未知函数 $f(x)$，且有

$$f(x_0)=y_0,f(x_1)=y_1,\cdots,f(x_n)=y_n \tag{5.32}$$

所谓插值法就是设法找一个函数 $g(x)$，使 $x_i(i=0,1,\cdots,n)$ 处与 $f(x_i)$ 相等。满足这个条件的函数 $g(x)$ 称之为 $f(x)$ 的插值函数，称 x_i 为插值节点。在以后的计算中可以用 $g(x)$ 近似代替 $f(x)$。

插值函数 $g(x)$ 可以为各种函数形式，由于多项式容易计算，一般常用 n 次多项式作为插值函数，并记 n 次多项式为 $p_n(x)$，这种插值方法叫做代数插值，也叫做多项式插值。

现要用一个次数不超过 n 的代数多项式

$$P_n(x)=a_nx^n+a_{n-1}x^{n-1}+\cdots+a_1x+a_0 \tag{5.33}$$

去逼近 $f(x)$，使在节点处满足

$$P_n(x_i)=f(x_i)=y_i \qquad i=1,2,\cdots,n \tag{5.34}$$

由于多项式 $p_n(x)$ 中的未定系数有 $n+1$ 个，由式(5.33)和式(5.34)可得到关于系数 $a_n,\cdots,a_1,a_0$ 的线性方程组

$$\begin{aligned}
a_nx_0^n+a_{n-1}x_0^{n-1}+\cdots+a_1x_0+a_0&=y_0\\
a_nx_1^n+a_{n-1}x_1^{n-1}+\cdots+a_1x_1+a_0&=y_1\\
a_nx_n^n+a_{n-1}x_{n-1}^{n-1}+\cdots+a_1x_1+a_0&=y_n
\end{aligned} \tag{5.35}$$

可以证明，当 $x_0,x_1,\cdots,x_n$，互异时，方程组(5.35)有唯一一组解。因此，一定存在一个唯一的 $p_n(x)$ 满足所要求的插值条件。这样我们只要根据已知的 x_i 和 $y_i(i=0,1,\cdots,n)$ 去求解方程组(5.35)，就可以求出 $a_i(i=0,1,\cdots,n)$，从而得到 $p_n(x)$，这是求出插值多项式最基本的方法。

(1)线性插值

线性插值是从一组数据 (x_i,y_i) 中选取两个代表性的 (x_0,y_0)、(x_1,y_1)，然后根据插值原理，求出插值方程

$$P_n(x)=\frac{x-x_1}{x_0-x_1}y_0+\frac{x-x_0}{x_0-x_1}y_1=a_1x+a_0 \tag{5.36}$$

中的待定系数 a_1 和 a_0

$$a_1=\frac{y_1-y_0}{x_0-x_1},\qquad a_0=y_0-a_1x_0 \tag{5.37}$$

若(x_0,y_0)、(x_1,y_1)取在非线性特性曲线$f(x)$或数组的两端点A、B，如图5.26中的直线表示插值方程(5.36)，这种线性插值就是最常用的直线方程校正法。

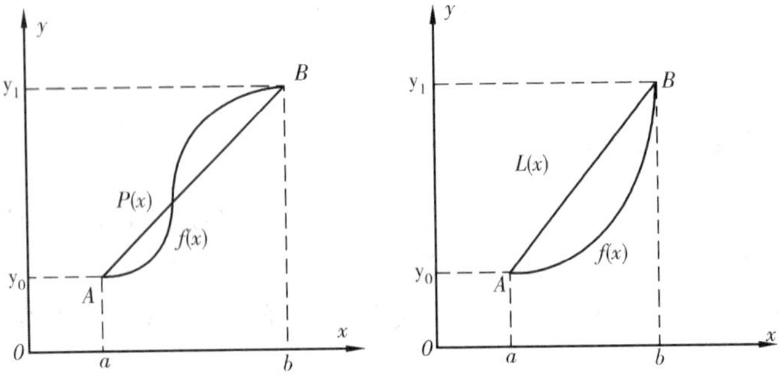

图5.26　直线插值特性曲线图

(2)抛物线插值

抛物线插值是在数据中选取(x_0,y_0)，(x_1,y_1)，(x_2,y_2)三点，采用抛物线拟合，如图5.27所示。显然，抛物线拟合的精度比直线拟合的精度高，相应的插值方程为：

$$P_2(x) = \frac{(x-x_1)(x-x_2)}{(x_0-x_1)(x_0-x_2)}y_0 + \frac{(x-x_0)(x-x_2)}{(x_1-x_0)(x_1-x_2)}y_1 + \frac{(x-x_0)(x-x_1)}{(x_2-x_0)(x_2-x_1)}y_2 \tag{5.38}$$

进行多项式插值首先要决定多项式的次数n。一般需要根据测试数据的分布，凭经验或通过凑试来决定。考虑到对计算实时性的要求，多项式的次数一般不宜选得过高。对于某些非线性特性，即使提高多项式的次数也很难提高拟合精度，反而增加了运算时间。所以，有时采用分段插值的方法往往可得到更好的效果。

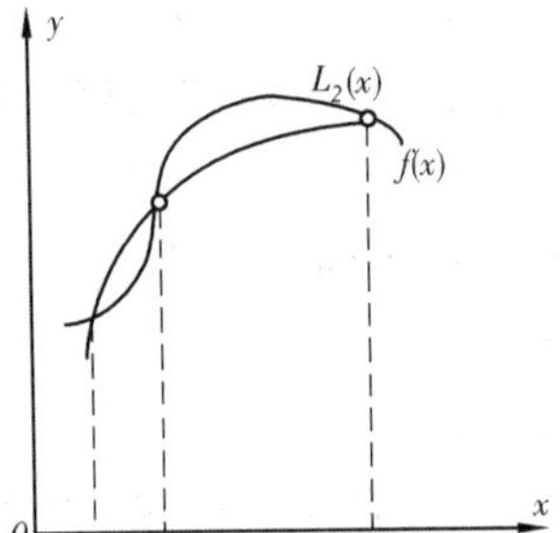

图5.27　抛物线拟合特性曲线图

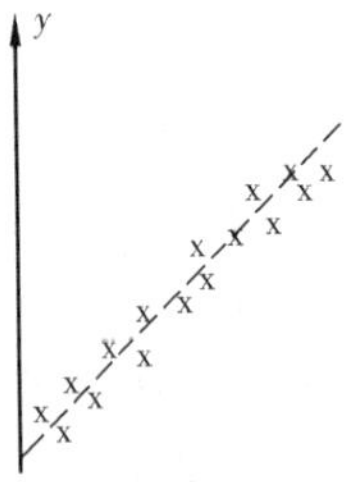

图5.28　最小二乘直线拟合特性曲线图

2)最小二乘法

利用n次多项式进行拟合，可以保证在$n+1$个节点上校正误差为零，但是，如果这些实验数据有随机误差，得到的校正方程并不一定能反映出实际的函数关系。因此，对于含有随机误差的实验数据的拟合，通常选择误差平方和的最小这一标准来衡量逼近结果，这就是最小二乘法。

设被逼近函数为$f(x_i)$，逼近函数为$g(x_i)$，x_i为x上的离散点，逼近误差为

$$V(x_i) = |f(x_i) - g(x_i)|$$

$$\varphi = \sum_{i=1}^{n} V^2(X) \tag{5.39}$$

令 φ 趋近于 min,即在最小二乘意义上使 $V(x)$ 最小化,这就是最小二乘法原理。为简化逼近函数,通常选择多项式。下面介绍用最小二乘法实现直线拟合和曲线拟合。

(1)直线拟合

设有一组实验数据如图 5.28 所示,现在要求一条最接近于这些数据点的直线。设这组实验数据的最佳拟合方程为:$y = a_1 x + a_0$,式中,a_1 和 a_0 为回归系数。

令

$$\varphi_{a_0,a_1} = \sum_{i=1}^{n} V_i = \sum_{i=1}^{n} [y_i - (a_0 + a_1 x)]^2 \tag{5.40}$$

根据最小二乘原理,要使 $\varphi_{a0,a1}$ 为最小,按通常求极值得方法,对 a_0, a_1 求偏导,令其为 0,可得

$$\frac{\partial\varphi}{\partial a_0} = \sum_{i=1}^{n} [-2(y_i - a_0 - a_1 x_i)] = 0 \qquad \frac{\partial\varphi}{a_1} = \sum_{i=1}^{n} [-2x_i(y_i - a_0 - a_1 x_i)] = 0$$

解得:

$$a_0 = \frac{\left(\sum_{i=1}^{n} y_i\right)\left(\sum_{i=1}^{n} x_i^2\right) - \left(\sum_{i=1}^{n} x_i y_i\right)\left(\sum_{i=1}^{n} x_i\right)}{n\left(\sum_{i=1}^{n} x_i^2\right) - \left(\sum_{i=1}^{n} x_i\right)^2}$$

$$a_1 = \frac{\left(\sum_{i=1}^{n} x_i y_i\right) - \left(\sum_{i=1}^{n} x_i\right)\left(\sum_{i=1}^{n} y_i\right)}{n\left(\sum_{i=1}^{n} x_i^2\right) - \left(\sum_{i=1}^{n} x_i\right)^2} \tag{5.41}$$

只要将各测量数据代入正则方程组,即可解得回归方程的回归系数 a_0 和 a_1,从而得到这组测量数据在最小二乘意义上的最佳拟合直线方程。

(2)曲线拟合

为了提高拟合精度,通常对 n 个实验数据对(x_i, y_i)选用 m 次多项式

$$y = f(x) = a_0 + a_1 x + a_2 x^2 + \cdots + a_m x^m = \sum_{j=1}^{m} a_i x^j \tag{5.42}$$

来作为描述这些数据的近似函数关系式(回归方程),如果把(x_i, y_i)的数据代入多项式就可得 n 个方程简记为:

$$V_i = y_i - \sum_{j=0}^{m} a_j x_i^j, \qquad (i = 1,2,\cdots,n) \tag{5.43}$$

式中,V_i 为在 x_i 处由回归方程(5.42)计算得到的值与测量值之间的误差。根据最小二乘原理,为求取系数 a_j 的最佳估计值,应使误差 V_ι 的平方之和最小,即

$$\varphi(a_0, a_1, \cdots, a_m) = \sum_{i=1}^{n} V_1^2 = \sum_{i=1}^{n} [y_i - \sum_{j=1}^{n} a_j x_i^j]^2 \to \min \tag{5.44}$$

由此可得如下正则方程组

$$\frac{\partial\varphi}{\partial a_k} = -2\sum_{i=1}^{n} \left[(y_i - \sum_{j=0}^{m} a_j x_i^j) x_i^k\right] = 0 \quad (i = 1,2,\cdots,n)$$

那么计算 $a_0, a_1, \cdots, a_m$ 的线性方程组为

$$\begin{bmatrix} m & \sum x_i & \cdots & \sum x_i^m \\ \sum x_i & \sum x_i^2 & \cdots & \sum x_i^{m+1} \\ \vdots & \vdots & & \vdots \\ \sum x_i^m & \sum x_i^{m+1} & \cdots & \sum x_i^{2m} \end{bmatrix} \begin{bmatrix} a_0 \\ a_1 \\ \vdots \\ a_m \end{bmatrix} = \begin{bmatrix} \sum y_i \\ \sum x_i y_i \\ \vdots \\ \sum x_i^m y_i \end{bmatrix} \tag{5.45}$$

由上式可求得 $m+1$ 个未知数 a_j 的最佳估计值。

拟合多项式的次数越高，拟合的结果越精确，但计算量很大。一般在满足精度要求的条件下，尽量降低拟合多项式的次数。除了用 m 次多项式来拟合外，也可以用其他函数如指数函数、对数函数、三角函数等进行拟合。

通常进行测量时现场情况往往很复杂，有时难以通过理论分析建立起仪表的误差校正模型。这时可以通过实验，用实际的校正手段来求得校正曲线，然后把曲线上的各个校正点的数据以表格形式存入仪器的内存中。一个校正点的数据对应一个或几个内存单元，在以后的实时测量中，通过查表来修正测量结果，这一点也非常重要。

5.5.2 零位误差和增益误差的校正

由于传感器、测量电路、信号放大器等不可避免的存在温度和时间漂移，会给整个测控仪器引入零位误差和增益误差，这类误差属于系统误差。下面介绍这些误差的校准方法。

1)零位误差的校正方法

测控仪器作零位校正时，需要中断正常的测量过程，把输入端短路，这时包括传感器在内的整个仪器的输入通道的输出为零位输出。由于存在零位误差，仪器的输出值往往并不为零。根据整个仪器的增益，将仪器的输出值折算成输入通道的零位输入值，并把这一零位输入值存在内存单元中。在正常测量过程中，仪器每次测量后均从采样值中减去原先存入的零位值，从而实现了零位校正。这种零位校正法已经在智能数字电压表、数字欧姆表等仪器中得到了广泛的应用。

2)增益误差的校正方法

在测控仪器的测量输入通道中，除了存在零点偏移和漂移外，放大电路的增益误差、器件的不稳定等因素，也会影响测量数据的准确性，因而必须对这类误差进行校正。校正的基本思想是在仪器开机后或每隔一段时间，测量一次基准参数，然后用前面介绍的建立误差校正模型的方法，确定并存储校正模型参数。在正式测量时，根据测量结果和校正模型求校正值，从而消除误差。

3)温度误差的补偿

测控仪器中的放大器、模拟开关、A/D 转换器等各种集成电路及传感器，都受温度的影响而产生温度误差，因此温度变化会影响整个仪器的性能指标。由于测控仪器中多数内含微处理器，可以发挥软件优势，利用各种算法进行温度补偿。为此，需要建立比较精确的温度误差数学模型，并采用相应的算法。另外，为了实现自动补偿，必须在仪器里安装测温元件，常用的测温元件是 PN 二极管、热敏电阻或 AD590 等，它们接在线路中，可以将温度转换成电量，经信号调理电路、A/D 转换电路转换成与温度有关的数字量 θ，利用 θ 的变化计算温度的补偿量。

5.6　硬件故障的自诊断

1)CPU **的检查**

检测 CPU 的故障,就是验证它执行各条指令是否正常。在执行一条指令时,可能产生的故障情况有:①执行 A 指令,功能错误,或结果错误。②执行 A 指令,却完成 B 指令的功能。③执行 A 指令,没完成任何功能。④执行 A 指令,却完成了 A + B 的指令功能。

检查 CPU 最可靠的办法,是让它将指令集当中的每一条指令都执行一遍。比较常用的方法是,用一组基本指令编写自检程序来验证 CPU 的功能,这些基本指令是仪器的应用程序所使用的。如数据传送指令,条件转移指令、加法、减法指令等,在应用程序中那些没有使用的指令,由于不影响仪器正常的工作,也就不必去验证它们的执行情况。因此,用基本指令去考核 CPU,尽管不全面,却比较实用。

考核 CPU 的另一种办法是,与 ROM、RAM、I/O 端口等部件的自检结合在一起进行。这些部件的自检程序是一些仪器工作程序中常用到的基本指令组成的,在检测这些部件的同时,附带实现了对 CPU 的部分自检。

CPU 是自检的核心,为了提高故障自检的可靠性,可在仪器内部再配置一套 CPU、电源和时钟,自检时,用它来对原有的 CPU、总线、电源和时钟进行监测。

2)RAM **的检测**

(1)RAM 的故障类型

RAM 的故障有下列几种类型:

①固定性故障。表现为存储单元中有一位或几位固定在 0 电平上或固定在 1 电平上。

②相邻位之间的干扰故障。它包括:同一个存储单元内,相邻位的干扰和相邻存储单元之间的相邻位干扰两种情况。所谓干扰是指某一位读写操作时,会影响其相邻位的状态。

③地址线和译码器引起的故障,它表现为给出 A 单元地址却访问了其他一个或几个单元,或者给出 A 单元地址,既访问了 A 单元,又访问了其他一个或几个单元,或者给出 A 单元地址,没能访问任何单元。

④对于动态存储器而言,还可能存在保持时间的故障,即存储单元不能在新周期内保持其状态不变。

(2)RAM 的测试矢量

对于 CPU 而言,RAM 是一个既能输入数据,又能输出数据的部件,利用前面讲过的环绕技术对它测试最为方便,不需要外加其他自检电路。

尽管 RAM 也是时序电路,但由于它的结构有规则,每一个存储单元的每一位输入端都可控制,输出端都可被观察,一次只要给此位写上 0,然后再读此位的数据,即可判定。

设使用的是 8 位长的 RAM,则针对 RAM 常出现的故障类型,经常使用的测试矢量有:00H,FFH 等可用于监测固定型故障;AAH,55H,81H,18H 等可用于检测相邻位间干扰引起的故障;CCH,33H,C3H,3CH 等可用于检测两位相邻位间干扰引起的故障。为了检测存储单元不同位之间的干扰故障,除去必须考虑采用什么样的测试矢量外,还要考虑自检时以什么样的次序来进行读写检验。由此形成多种测试 RAM 故障测试模式。

(3)ROM 的检测

ROM 包括工厂掩膜编程的 ROM、紫外线可擦除电可编程的 EPROM 和电可擦除可编程的 EEPROM。ROM 中固化了仪器的监控程序、工作程序和常数表格。ROM 的检测就是要考核各存储单元的代码或常数在读出时是否会出错,最常用的方法是验证所有读出的存储单元各对应位代码的异或和是否正确。这个用于校验的正确的代码和是预先和程序一起固化在 ROM 中的。自检时,依次读 ROM 的存储单元。每读一次代码值要与前面各项读数的代码和进行按位加,最后获得的总代码和与标准的代码和比较,如一致,说明 ROM 正常,反之则不正常。

(4)I/O 端口的自检

I/O 端口的自检,通常采用环绕技术,即将输出端口和输入端口连接起来,给输出口写入测试矢量,从输入口读入,然后进行比较,即可确定有无故障。

(5)总线的自检

如果 RAM 和 ROM 的自检能顺利进行的话,有理由相信地址总线和数据总线工作正常。但当 ROM 和 RAM 的自检同时都有毛病的话,问题可能出在总线上。

利用特征分析技术,来分析运行一段规定的程序时,总线上的数据流,可以较方便地确定总线上有无故障,但这需要内附较为复杂的自检电路。

第6章 测控仪器设计实例

测控仪器的设计是一个较为复杂和细致的过程。为完成仪器的功能，实现仪器的指标，应遵循正确的设计思想和原则、按照科学的步骤来进行设计。本章针对具体的测控任务要求，通过两个实例来说明测控仪器的设计过程和方法。

6.1 数字温控器的设计

6.1.1 数字温控器的设计要求

数字温控器是对被控对象进行温度检测与控制的仪器，在自动控制系统中起着决定性的控制作用。它将来自变送器的测量信号与给定值相减得到偏差信号，然后对偏差信号按一定的控制规律进行运算，运算结果作为控制信号输出至执行器，实现对被控对象的控制。

控制器的控制规律是指控制器的输出信号随输入信号（即偏差）变化的规律。工业上常用的控制规律有比例控制规律（P）、比例积分控制规律（PI）和（PID）比例积分微分控制规律。

数字温控器设计要求如下：

①输入可选择不同分度号热电偶，测温范围 -50 ~ 400 ℃，测量精度 0.5 级；

②输出 4 ~ 20 mADC；

③具备 P，PI，PID 控制规律；

④具备手动/自动无扰动切换功能；

⑤能通过按键设定 PID 参数、热电偶分度号和温度设定值。

6.1.2 数字温控器设计任务分析

数字温控器的硬件由单片机、输入信号转换、数字量/模拟量转换、人机接口和 E^2PROM 等主要部分组成，其框图如图 6.1 所示。输入转换部分将热电偶信号经信号变换后转变成合适的大小，再进入 V/F 转换器变成数字信号送入单片机。为获得较为准确的温度值，热电偶在测温时需进行冷端温度补偿，在本设计中采用硬件电路进行冷端温度补偿。由于温控器对于 PID 参数、热电偶输入信号的分度号和温度设定值等信息，需要在断电的情况下也能保存，

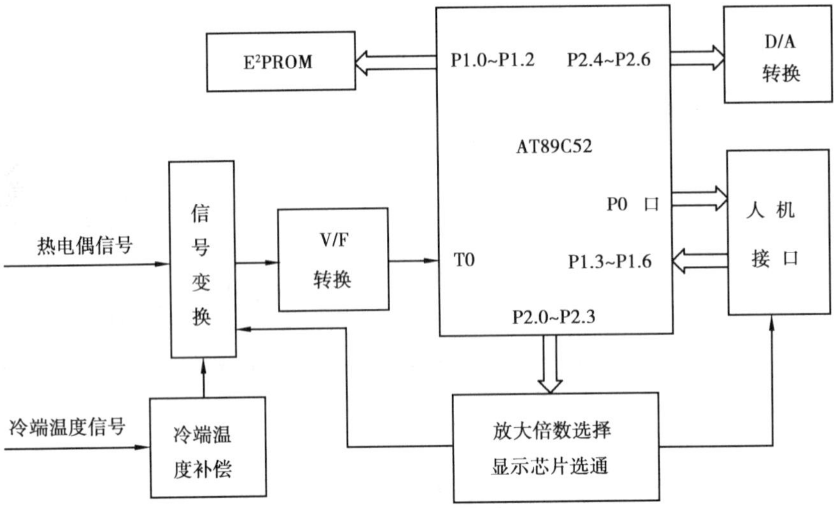

图 6.1 数字温控器组成框图

故采用了 E^2PROM 保存有关信息。通过热电偶测量的温度信号进入单片机后与设定温度进行比较,将两者的偏差信号进行 PID 运算后输出值经 D/A 转换后输出,作为有关执行器的控制信号。人机接口部分完成有关参数设定、热电偶测量温度显示、设定值显示等功能。

本设计同时需要进行 A/D 和 D/A 转换,如采用输出并行数据的 A/D 和输入并行数据的 D/A 器件,则需要占用单片机较多的 I/O 口。故在本设计中采用 V/F 转换器件进行模拟量到数字量的转换,同时还采用串行接口数模转换器以减少对单片机 I/O 接口资源的占用。

6.1.3 数字温控器硬件设计

1)输入信号转换及冷端温度补偿

热电偶电势检测电路是温度检测的主要部分,被测温度的大小是由热电势的大小来反映的,检测出热电偶两端热电势的大小后,通过分度表可以得到被测点温度大小。热电偶分度表是在冷端为 0 ℃时测量得到的温度与热电势的对应值。由于热电偶上的电势是与热电偶的冷端和测量端之间的温度差有关,如果冷端不为 0 ℃,则热电偶上的热电势反映的就不是被测点的实际温度,而冷端在一般情况下就是被测点周围的环境温度,一般不会正好等于 0 ℃,因此,要获得准确的被测点温度就必须进行冷端温度补偿。

设热电偶测量端和冷端的温度分别为 T 和 T_0,则:

$$E(T,0) = E(T,T_0) + E(T_0,0)$$

式中 $E(T,0)$ 为冷端温度为 0 ℃而测量端为 T ℃时的热电势,即我们需要得到的热电势值。$E(T,T_0)$ 为冷端温度 T_0(即环境温度)而测量端为 T ℃时的热电势,即实测值。$E(T_0,0)$ 为由于冷端温度不为 0 ℃而应对实测值加入的修正量,用于补偿热电偶冷端温度,它相当于同一支热电偶在冷端为 0 ℃,测量端为 T_0 时的热电势。冷端温度补偿的方法多种多样,如电桥补偿法,软件补偿法等。在本设计中采用美国 AD 公司生产的专用集成温度传感器 AD590 作为冷端温度补偿输入,它属于电流输出型。在一定温度范围内,它相当于一个高阻电流源,不易受接触电阻、引线电阻、电压噪声等的干扰。此外它还具有体积小、测量精度高、线性好和互换性强等优点,输入信号转换及冷端温度补偿的电路如图 6.2 所示。

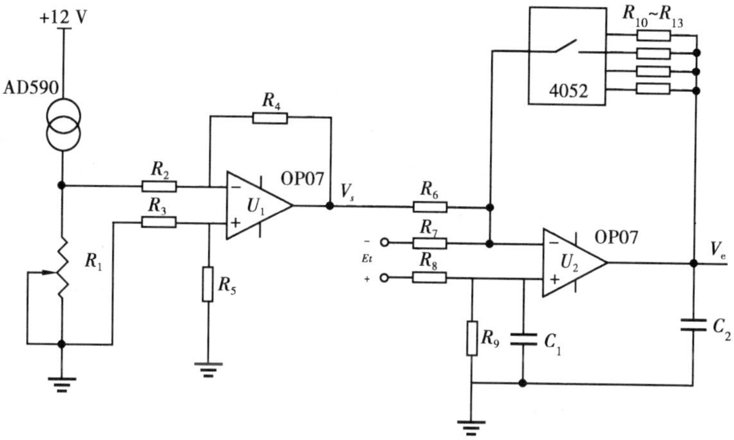

图 6.2 信号转换及冷端温度补偿电路

AD590 产生一个随环境温度 T_0 而变化的电流，该电流由电阻 R_1 转换成与相应热电偶在 T_0 时所对应的热电势，当热电偶分度发生变化时可调节 R_1 使放大器 U_1 输出端 $V_s = E(T_0, 0)$。V_s 与热电偶实际热电势 $E_t = E(T, T_0)$ 相加，进入运放 U_2 的电压为 $E(T, T_0) + E(T_0, 0) = E(T, 0)$，从而实现了对冷端温度的补偿，且冷端温度是动态测量的，所以冷端电势补偿是动态补偿。U_2 放大电路的放大倍数可通过 MUX 改变，如选用不同分度号热电偶时，由 AT89C51 的 P2.0 和 P2.1 控制 4052 来选择与该分度号匹配的放大倍数。放大电路输出的电压 V_e 进入后面 V/F 转换电路转换成数字量。

2）V/F **转换**

在本设计中采用 V/F 转换器件 AD654 实现将模拟量转换成数字量的功能。AD654 是美国模拟器件公司生产的一种低成本，8 脚封装的电压频率（V/F）转换器。它由低漂移输入放大器、精密振荡器系统和输出驱动级组成，使用时只需一个 RC 网络，即可构成应用电路。

AD654 的 $+V_{in}$ 为输入放大器的同相输入引脚，当模拟输入为正电压时，从该引脚接入。R_t 为输入放大器的反相输入引脚，接定时电阻，本设计中接 R_{14}。C_t 为定时电容引脚，两个 C_t 间接定时电容，与定时电阻一起确定输出频率，本设计中接 C_3。AD654 与 AT89C51 的接口电

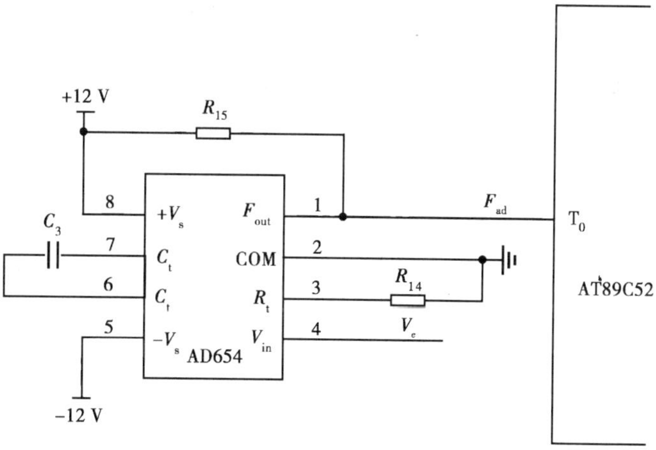

图 6.3 V/F 转换电路图

路如图 6.3 所示。F_{OUT}为频率信号输出引脚,输出频率由 V_{in}、R_{14}和 C_3 共同确定,其关系为:

$$F_{out} = \frac{V_{in}}{10V \times R_{14} \times C_3}$$

当 R_{14}和 C_3 为固定值时,F_{out}与输入电压 V_{in}成正比。本设计中 F_{out}引脚输出的频率信号 F_{ad}送入 AT89C52 计数器 T_0 进行计数。根据 T_0 计数器在一段时间内计数值的多少就可以换算出对应的输入电压 V_e。

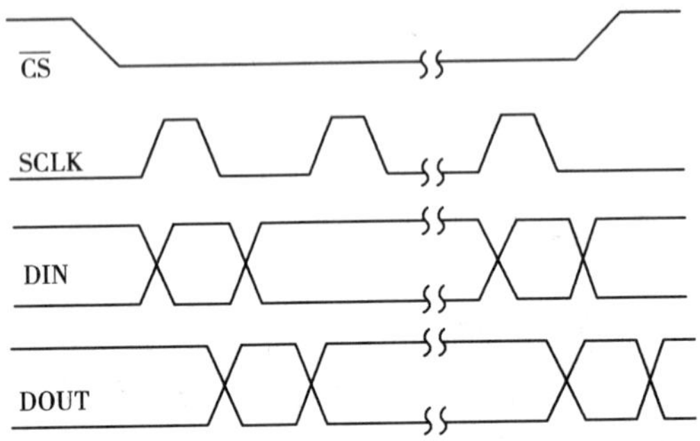

图 6.4　TLC5615 时序

3) D/A 转换

为减少对单片机 I/O 接口资源的占用,采用具有串行接口的数模转换器 TLC5615。TLC5615 为电压输出型,最大输出电压是基准电压值的两倍。带有上电复位功能,即把 DAC 寄存器复位至全零。其中 DIN 脚是串行数据输入端;SCLK 脚是串行时钟输入端;$\overline{CS}$脚是芯片选通端,低电平有效;DOUT 脚用于级联时的串行数据输出;AGND 脚为模拟地;REFIN 脚是基准电压输入端。TLC5615 的时序如图 6.4 所示,由时序图可以看出,当片选$\overline{CS}$为低电平时,输入数据 DIN 由时钟 SCLK 同步输入或输出,而且最高有效位在前,低有效位在后。输入时 SCLK 的上升沿把串行输入数据 DIN 移入内部的 16 位移位寄存器,SCLK 的下降沿输出串行数据 DOUT,片选$\overline{CS}$的上升沿把

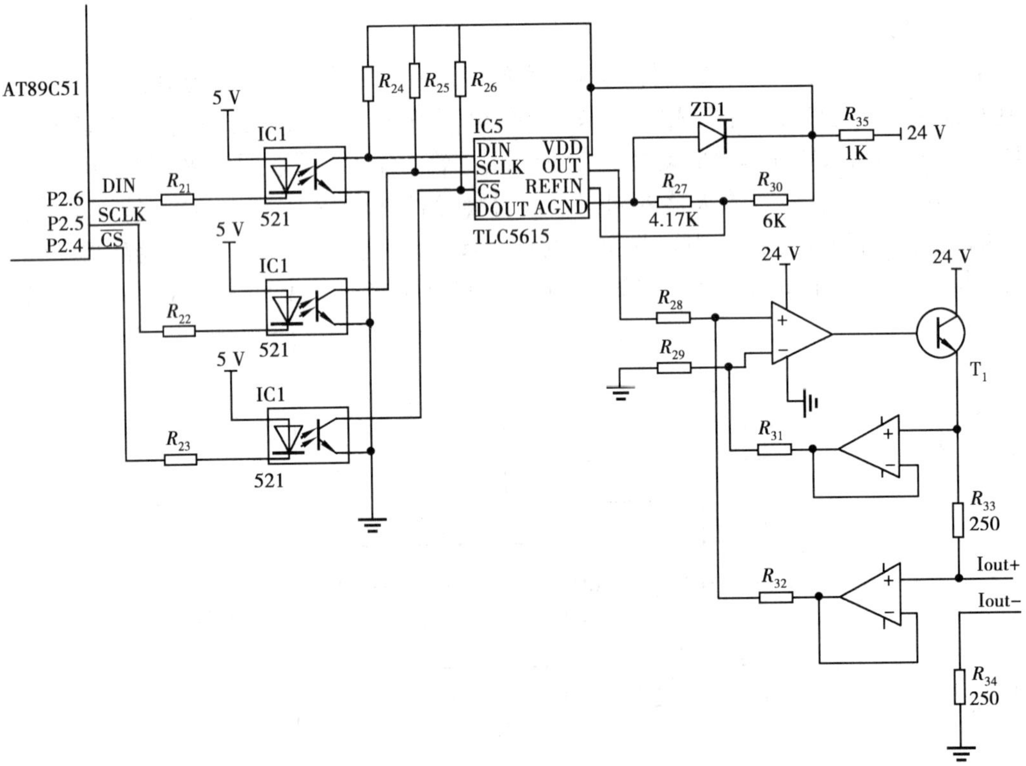

图 6.5　TLC5615 与单片机接口电路图

数据传送至 DAC 寄存器。串行数模转换器 TLC5615 的使用有两种方式,即级联方式和非级联方式。在本设计中不使用级联方式,DIN 只需输入 12 位数据。DIN 输入的 12 位数据中,前 10 位为 TLC5615 输入的 D/A 转换数据,且输入时高位在前,低位在后,后两位必须写入数值为零的低于 LSB 的位,因为 TLC5615 的 DAC 输入锁存器为 12 位宽。

TLC5615 与单片机的接口电路如图 6.5 所示。AT89C51 的 P2.4 ~ P2.6 经光隔后分别与 TLC5615 的 CS,SCLK 和 DIN 连接。偏差信号经过 PID 运算后得到的数字控制信号,由 P2.6 串行输入 TLC5615 的 DIN 端。TLC5615 将其转换成模拟信号后在 OUT 引脚上输出 1 ~5 V 的直流电压 V_{OUT}。经过电压电流转换电路转换成 4 ~ 20 mA 直流电流输出。图 6.5 中,$R_{28} = R_{29} = R_{31} = R_{32}$,则输出电流 I_{OUT}为:

$$I_{OUT} = \frac{V_{OUT}}{R_{33}} = \frac{1 \sim 5\ V}{250\ \Omega} = 4 \sim 20\ mA$$

4)**人机接口和** E²PROM

偏差经过 PID 运算后作为温控器的输出,输入信号经工程量变换后转换成被测温度值,设定值由键盘输入后存储在内存中。输出值、温度值和设定值由 CPU 送往 LCD 显示。利用已把液晶显示器和控制器合在一起的显示模块,并采用单片机并行或串行接口对液晶显示模块进行控制的方法已得到了广泛的应用。此方法具有简单灵活、不需要制作过多的硬件电路和开发周期极短的特点,是一种效率较高、成本低廉的控制系统信息输出的解决方案。温控器设计采用 SMG240128A 点阵图形液晶模块,SMG240128A 与 AT89C51 的接口电路如图 6.6 所示。

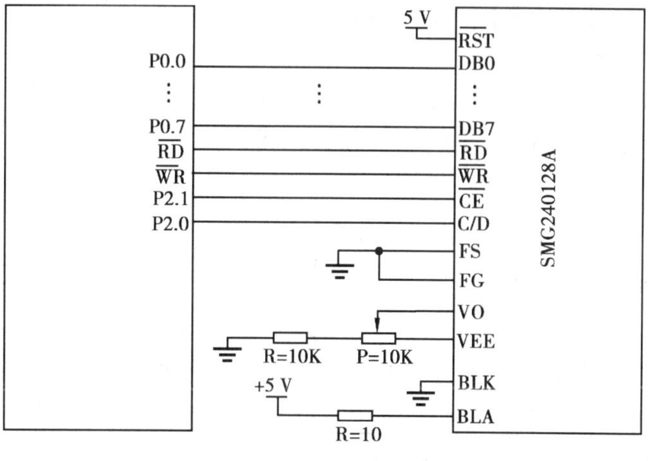

图 6.6　LCD 显示电路图

SMG240128A 的显示容量是 240X128 点阵(STN 型),工作电压为 4.8 ~5.2 V,工作电流为 18 mA(5.0 V),背光源工作电流为 260 mA。DB0 ~ DB7 是 SMG240128A 的数据和命令端口,$\overline{CE}$是使能端,C/D 是命令/数据选择端。

SMG240128A 的 DB0 ~ DB7 与 AT89C52 的 P0 口相连,当 C/D =1,$\overline{CE}$ =0,$\overline{RD}$ =0,$\overline{WR}$ =1 时,读取 SMG240128A 状态;当 C/D =1,$\overline{CE}$ =0,$\overline{RD}$ =1,$\overline{WR}$ =0 时,向 SMG240128A 写指令;当 C/D =0,$\overline{CE}$ =1,$\overline{RD}$ =0,$\overline{WR}$ =1 时读取 SMG240128A 数据;当 C/D =0,$\overline{CE}$ =0,$\overline{RD}$ =1,$\overline{WR}$ =0 时,向 SMG240128A 写数据。

本设计采用四个按键对温控器控制温度进行设定和修改。按键与单片机的接口如图 6.7

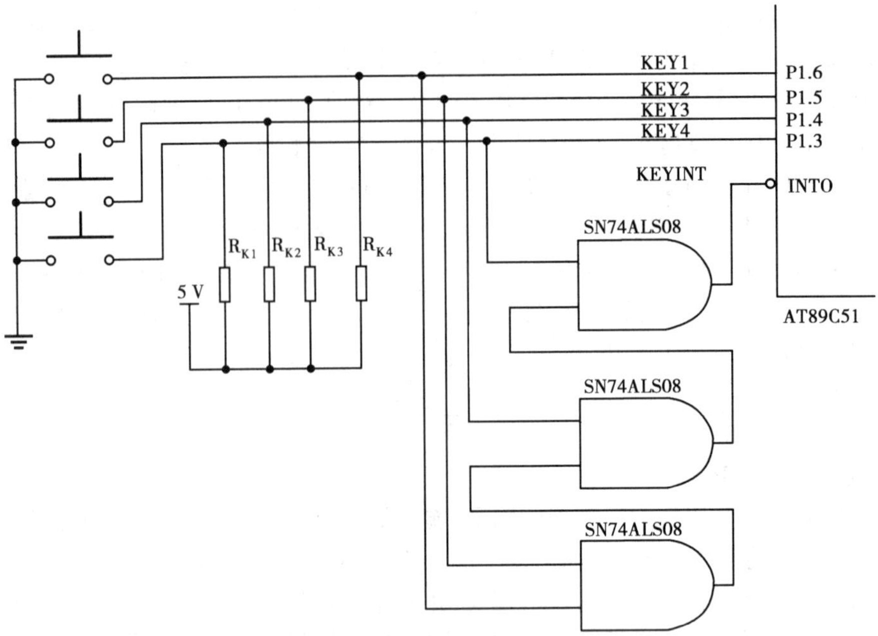

图 6.7 按键与单片机接口电路图

所示。按键 KEY1 ~ KEY4 分别表示设定键、增键、减键和确认键,当任一键按下时,均会在单片机的 INT0 上产生一外部中断信号,单片机接收到 INT0 上的外部中断信号后再根据 P1.3 ~ P1.6 判断是哪个键按下。

为使温控器在断电后能保存断电前设定温度和 PID 参数,采用 E^2PROM 器件 X25045 存放每次设定后的参数值,X25045 与单片机的连接如图 6.8 所示。

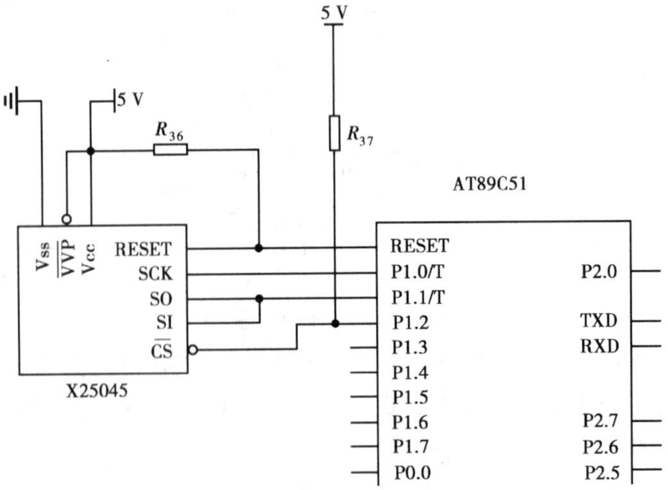

图 6.8 E^2PROM 与单片机接口电路图

X25045 是由 Xicor 公司生产的集看门狗定时器、电压监控和 E^2PROM 于一体的多功能可编程芯片。看门狗定时器可程控选择三种定时周期。当系统故障时间超过定时周期,定时器计数发生溢出时,X25045 看门狗将产生复位信号,使微控制器复位;X25045 内部集成有低电压检测电路，当系统工作电压降到最小允许电压以下时，芯片也会产生复位信号使系统复位，并且这种复位状态将一直保持到工作电压恢复并稳定为止，从而避免了系统在低压状态下工作可能出现的干扰和错误；X25045 内部还集成有 512 个字节的 E^2PROM。并且接口方面采用了串行外设接口，因此，可以很方便利用总线方式对 X25045 进行设置和读、写操作。

X25045 共有 8 个引脚，其中 $\overline{CS}$ 脚是芯片选择输入，SO 脚是串行输出，SI 脚是串行输入，SCK 脚为串行时钟输入，$\overline{WP}$ 脚是写保护输入，Vss 脚为地，Vcc 脚接电源电压，RESET 脚为复位输出。X25045 的读写有严格的时序要求，具体请参照其应用资料。

6.1.4　数字温控器软件设计

1）主程序

主程序流程图如图 6.9 所示。初始化部分主要是对显示、按键、D/A 器件、定时器/计数器等进行设置，并从 E^2PROM 中读取已设置的设定值和 PID 参数。

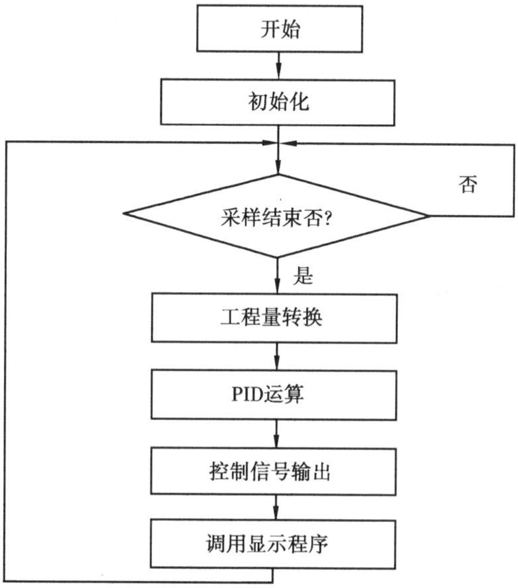

图 6.9　数字温控器主程序流程图

采样程序是读取 T_0 计数器在一段时间内计数值的多少，因此采样是在定时中断程序中完成，每次采样结束后设置采样结束标志，主程序中根据此标志确定是否进行工程量转换等。工程量转换程序负责将采样获得的计数值换算成与其对应的温度值。

当有键按下时，在 INT0 上就有中断信号产生，故按键采用中断方式处理，按键处理程序也就是 INT0 中断程序。

2）采样程序

由于温度信号变化较为缓慢，在本设计中每 200 毫秒采样一次，采用 T_1 定时器每 200 ms 读取一次 T_0 计数器的计数值。采样程序如下：

```
TIM1INT:
        MOV   TL0,#TIME_L
        MOV   TH0,#TIME_H
        PUSH  PSW
```

```
        PUSH   DPL
        PUSH   DPH
        PUSH   ACC
        PUSH   B
        CLR    PSW.4
        SETB   PSW.3
        MOV    A,TimeCount                    ;读取时间计数
        CJNE   A,#Time200ms,INC_Count         ;未到 200 ms,不读 T0
        CLR    TR0                            ;读取 T0 计数值
        MOV    R0,AD_addr
        MOV    @R0,TL0
        INC    R0
        MOV    @R0,TH0
        INC    R0
        MOV    AD_addr,R0
        MOV    TL0,#00h                       ;清 T0 计数值
        MOV    TH1,#00h
        CLR    TimeCount
        SETB   Flag_AD_Finished               ;置工程量转换标志
INC_Count:
        INC    TimeCount
        SETB   EA
        POP    B
        POP    ACC
        POP    DPH
        POP    DPL
        POP    PSW
        RETI
```

3)控制程序

在数字温度控制器中,控制程序主要完成 PID 规律运算功能。

连续 PID 算式:

$$Y = K_P\left(X + \frac{1}{T_I}\int X\mathrm{d}t + T_D\frac{\mathrm{d}X}{\mathrm{d}t}\right) \tag{6.1}$$

对式(6.1)进行离散化处理,即对其中的积分项和微分项分别用下列式子进行离散化:

$$\int X\cdot\mathrm{d}t \approx \sum_{i=0}^{n} X_i\cdot\Delta t = T_s\sum_{i=0}^{n} X_i \tag{6.2}$$

$$\frac{\mathrm{d}x}{\mathrm{d}t} \approx \frac{X_n - X_{n-1}}{\Delta t} = \frac{X_n - X_{n-1}}{T_s} \tag{6.3}$$

上两式中 T_s 为采样时间。

将式(6.2)和式(6.3)代入式(6.1)可得：

$$y_n = K_P\left[X_n + \frac{T_s}{T_I}\sum_{i=0}^{n} X_i + \frac{T_D}{T_s}(X_n - X_{n-1})\right] \tag{6.4}$$

由于式(6.4)中控制器的输出与实际控制阀的阀位相对应，故称为位置算式。但用式(6.4)进行PID规律运算时计算繁琐、占用大量的计算机内存。

若用两个采样周期控制器的输出：

$$Y_n = K_P\left[X_n + \frac{T_s}{T_I}\sum_{i=0}^{n} X_i + \frac{T_D}{T_s}(X_n - X_{n-1})\right] \tag{6.5}$$

$$Y_{n-1} = K_P\left[X_{n-1} + \frac{T_s}{T_I}\sum_{i=0}^{n-1} X_i + \frac{T_D}{T_s}(X_{n-1} - X_{n-2})\right] \tag{6.6}$$

用式(6.5)减去式(6.6)，可得：

$$\Delta Y_n = Y_n - Y_{n-1} \tag{6.7}$$

$$= K_P\left[(X_n - X_{n-1}) + \frac{T_s}{T_I}X_n + \frac{T_D}{T_s}(X_n - 2X_{n-1} + X_{n-2})\right] \tag{6.8}$$

用式(6.8)进行PID运算，控制器每次只是输出增量，运算所需的内存较小、计算也相对简单，且该式易于进行手动状态和自动状态的无扰动切换。根据式(6.8)就可以编写出PID控制程序。

由PID控制程序计算得到的输出信号送输出，串行输出程序如下：

```
;程序功能  小数点标志赋值子程序
;入口参数  R1:数据缓冲区首地址
;          R0:待显示数据存入的缓冲区首地址
;出口参数: 转换结果高8位存R6,低2位存R7
SDA_OUT:
    JNB  OUT10_BIT,SDA_3X
    CLR  C
    MOV  A,R6
    RRC  A
    MOV  R6,A
    MOV  A,R7
    RRC  A
    MOV  R7,A
SDA_3X:
    CLR  EA          ;串行D/A输出
    CLR  P2.4
    CLR  P2.5
    MOV  R1,#0CH;12位输出循环控制
SDA1:
    CLR  C
    MOV  A,R7        ;R6(高8位)、R7(低2位)共10位待转换D/A数值
    RLC  A
```

```
    MOV  R7,A
    MOV  A,R6
    RLC  A
    MOV  R6,A
    MOV  P2.3,C
    SETB P2.4
    MOV  R2,#20H
SDA_T1:
    DJNZ R2,SDA_T1
    CLR  P2.4
    MOV  R2,      #20H
SDA_T2:
    DJNZ R2,SDA_T2
    DJNZ R1,SDA1
    SETB P2.4
    SETB P2.5
    SETB EA
    RET
```

4)**人机接口程序**

当有键被按下时,在单片机的 INT0 上产生一外部中断信号,CPU 响应中断后进入 INT0 中断服务程序即按键处理程序,在按键处理程序中读取 P1.3 ~ P1.6 引脚状态,判断是哪一个键按下后转向相应按键处理程序,程序框图如图 6.10 所示。

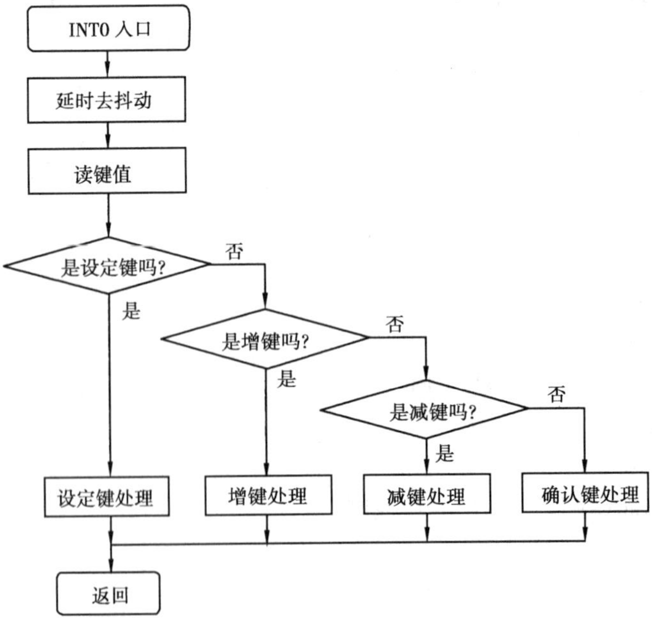

图 6.10　按键处理程序

6.2　光栅位移显示仪的设计

6.2.1　光栅位移显示仪设计要求

某工厂需要对位移进行测量，位移检测采用光栅传感器，该传感器能测量的位移长度为 1 m，栅距为 50 线/mm 要求设计一光栅位移显示仪，要求该显示仪当光栅移动时能自动判别光栅的移动方向，对一个栅格间进行细分，把光栅移动的距离显示在数码管上，显示精度要达到 1 μm。

6.2.2　光栅位移检测原理

光栅位移传感器是进行高精度位移测量的光电转换器，它将位移微变量转换为多路光栅信号。它被广泛应用于几何量测量领域中，凡是与长度（或直线位移）测量有关的精密计量仪器常使用光栅位移传感器。

光栅上的刻线称为栅线，栅线的宽度为 a，缝隙宽度为 b，一般都取 $a = b$，而 $a + b = W$，W 称为光栅的栅距（也称光栅常数或光栅的节距），它是光栅的重要参数。

光栅式传感器的基本工作原理是利用一对光栅，其中一块是固定的，而另一块是运动的。当它们发生相对运动并有光通过两者时，能够获得相当于干涉仪中得到的条纹信号，即所谓的莫尔条纹信号。对于一对计量光栅，彼此移动一条刻槽就移动一条莫尔条纹，条纹宽度不受波长影响，并且条纹较宽可进行内插，由于误差平均效应，因而可以获得很高的精度。光栅的工作原理见图 6.11。目前光栅的输出信号通常有两种：第一种是相位差为 90°的两路方波信号；第二种是相位依次相差 90°的四路正弦信号，本设计是针对第二种光栅信号进行的。

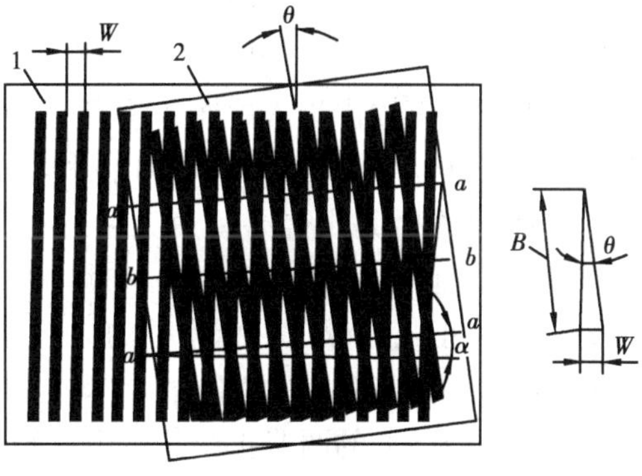

图 6.11　光栅工作原理

6.2.3　光栅位移显示仪总体方案设计

光栅位移显示仪的总体方案如图 6.12 所示。光栅输出信号经信号调理后分别送入栅格计数电路和 A/D 转换电路。栅格计数电路把经信号调理后的正弦信号转换成光栅移动所经过的光栅格数相对应的两路脉冲信号，其中一路是正向移动时产生的脉冲，另一路是反向移动时产生的脉冲，这两路脉冲信号分别送到 CPU 的计数器进行累计。A/D 转换电路将正弦信号转换成数字信号后送入 CPU，一个栅格内信号的细分由 A/D 转换电路配合相应的软件完成。CPU 将计数器累计的栅格数和细分结果进行运算后得到当前光栅移动的距离，送到显示电路去显示。

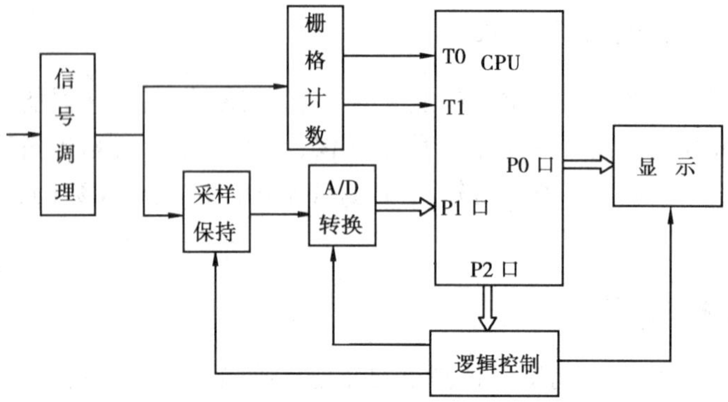

图 6.12 光栅位移显示仪总体方案

6.2.4 光栅位移显示仪硬件设计

1）信号调理电路

信号调理电路由差动放大电路和栅格计数电路组成。

光栅尺输出的正弦信号有四路，它们分别是 SIN +、COS +、SIN -、COS - 信号，并且这四路信号由于实际制作工艺等各方面的原因，不可能达到理想的相位差为 90°、幅度完全相等，而且后续电路也不需要四路正弦信号，而是需要幅值完全相同，相位差为严格 90°的两路正弦信号。在设计放大电路时，选用共模抑制比高、具有相位和幅值均可调节的差动放大电路。具体电路如图 6.13 所示，图中 L1，C1，L2，C2，L3，C3，L4，C4 组成 LC 滤波电路，滤除光栅位移传感器的杂波干扰，运算放大器 U1，U2 与其外围电阻组成差动放大电路，对传感器输出的四路正弦信号进行放大，使其幅值达到 5 V，其输出进入后面 A/D 转换电路。V_0 和 V_1 是相位和零点调整电路的输出，改变 V_0 和 V_1 处电位可对两路信号的相位和零点进行调整。

栅格计数电路如图 6.14 所示，其作用是把经差动放大后的正弦信号转换成数字脉冲信号，并完成对光栅尺移动完整光栅线的计数和移动方向的判断。栅格计数电路由比较电路和计数脉冲形成电路组成。因为每一个正弦信号在一个完整的周期内都有两个过零点，所以在设计比较电路时，需要设计两路电路，用后面数字电路屏蔽掉其中的一个零点。

计数脉冲形成电路是利用相位差为 90°的两路正弦信号经比较电路形成的方波过零点不同，与 D 触发器的输出延时输入一个 CP 脉冲这两特性，来完成屏蔽其中一路的一个过零点，从而得到与光栅线数相对应的脉冲信号。

由图 6.14 可以推出：

$$T0 = Q2 \cdot \overline{Q3} \cdot \overline{Q4}$$
$$T1 = \overline{Q2} \cdot Q3 \cdot \overline{Q4}$$

当光栅正向移动时，T0 有脉冲输出，T1 没有脉冲输出；反之，当光栅反向移动时，T0 没有脉冲输出，T1 有脉冲输出。T0 和 T1 可分别由单片机的计数器进行计数，从而完成对光栅尺

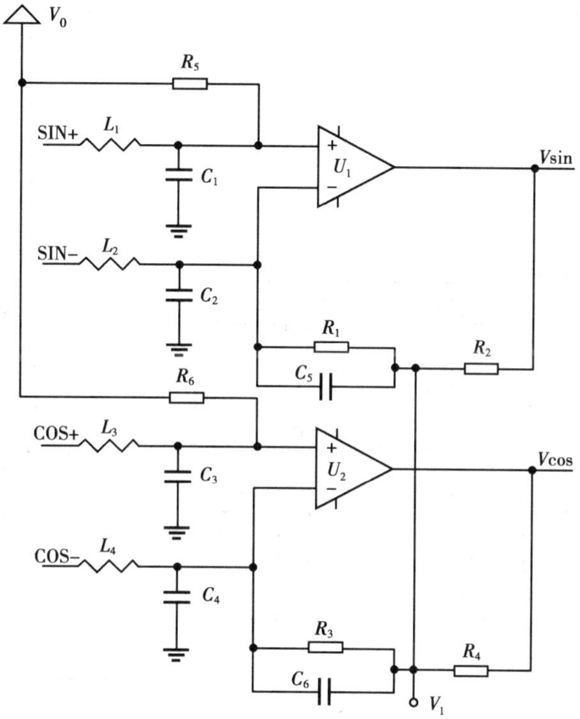

图 6.13　信号调理电路

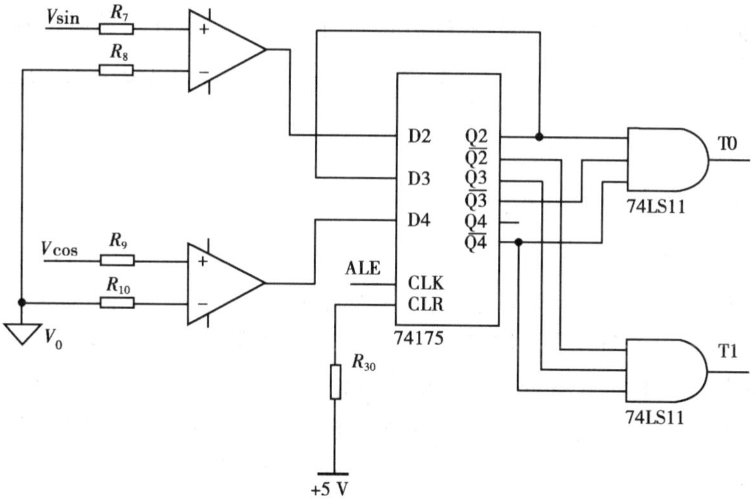

图 6.14　栅格计数电路

移动完整光栅线的计数。

2)A/D 转换

光栅传感器的输出经差动放大幅值达到 5 V,进入 A/D 转换电路转换成数字信号后送到 CPU 进行细分,A/D 转换采用 ADC0809。A/D 转换电路如图 6.15 所示。V_{sin}和 V_{cos}信号需要同步进行采集,因此在进入 ADC0809 之前先送到采样保持器 ADC781。

本设计中采用软件细分,A/D 转换量化误差将影响细分精度。由于 V_{sin}是正弦信号,V_{cos}

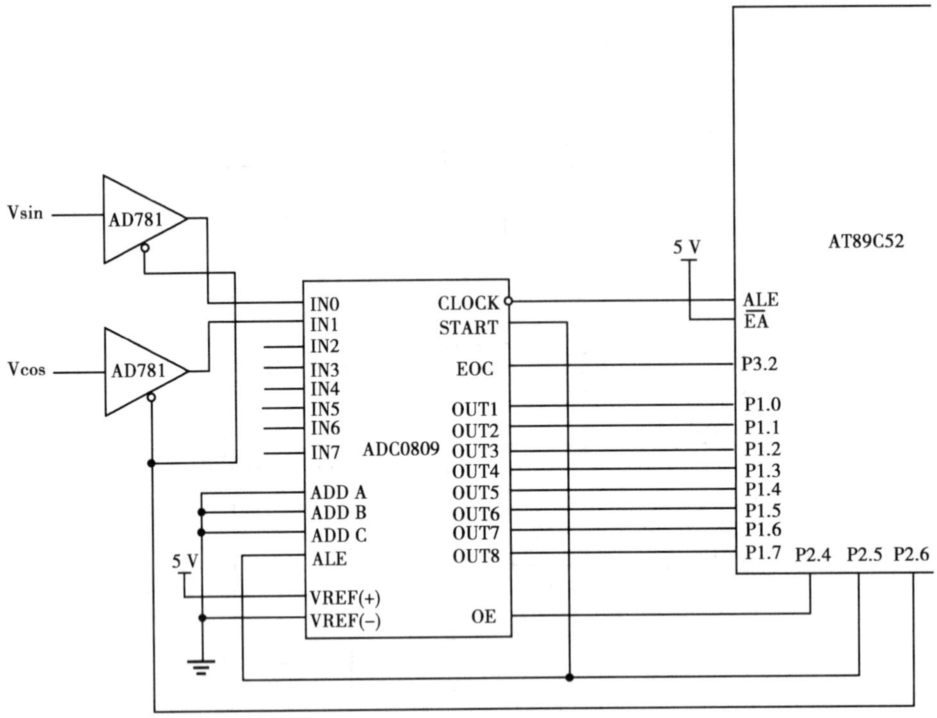

图 6.15　A/D 转换电路

是余弦信号，幅值均为 0 ~ 5 V，对他们的幅值进行等间距量化时在峰值处的误差对相角影响最大。采用 AD0809 时其量化误差为$\frac{5\ \text{V}}{256}=19.5\ \text{mV}$，在峰值处对应相角误差约为 7.2°，对 50 线/mm 的光栅误差为：

$$\frac{7.2}{360}\times 0.02=0.0004\ \text{mm}=0.4\ \mu\text{m}$$

3）**显示**

采用软件方法实现对键盘和显示器件的扫描，不但程序比较复杂，而且实时性差。若要简化键盘和显示所需的软件和减少占用 CPU 的时间，可以选用专用的键盘和显示接口电路来实现对键盘和显示器件的扫描和管理。专用接口电路是由硬件电路来识别键闭合、键释放状态，由硬件消除键抖动等，可以节省 CPU 相当多的时间。大规模集成电路芯片 8279，就是一种可编程键盘/显示器接口芯片。用 8279 芯片可方便的构造编码式键盘系统，它具有结构简单、功能强、节省时间与节省存储单元等有点。

8279 引脚功能如图 4.19 所示，关于 8279 的编程请参阅有关资料。

本设计中显示电路如图 6.16 所示。图中键盘的行线接 8279 的 RL0 ~ RL3。SL0 ~ SL2 经 74LS138 译码，输出键盘的 8 条列线，SL0 ~ SL2 又由 74LS138(2)译码，并经 75451 驱动后，输出到各位显示器的公共阴极。控制 74LS138(2)的译码，当位切换时，输出低电平，使译码器输出全为高电平。

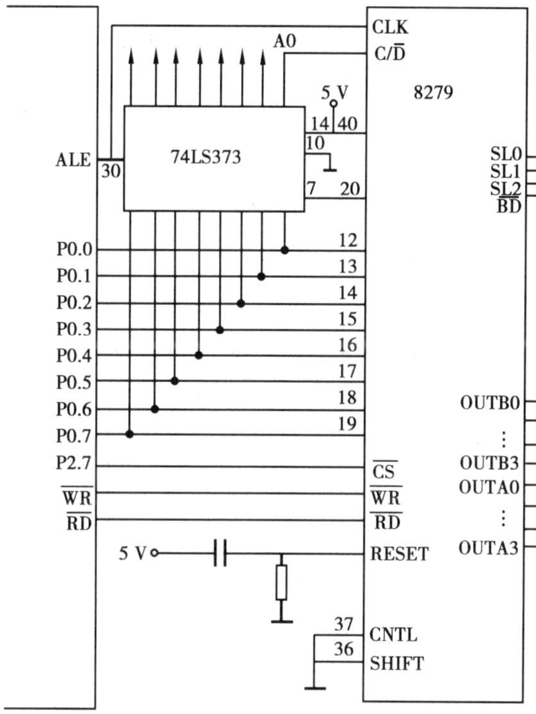

图6.16　显示电路

6.2.5　光栅位移显示仪软件设计

光栅位移显示仪的主程序框图如图6.17所示。AD0809与AT89C51的接口采用查询方式工作。对89C51进行初始化主要是设置堆栈、设置T0和T1的工作方式；初始化8279是清显示RAM及8279FIFO堆栈，设置扫描频率，设置编码扫描、8字符显示、左端输入方式。

AD0809的各通道不能进行同步转换，故在转换前需先送出采样保持信号，保证A/D转换时V_{sin}和V_{cos}是同一时刻的值。

在测量精度不高的情况下，只需对栅格计数电路输出的信号进行计数，即可获得光栅的相对移动量。但在本设计中，位移检测所要求精度高于一个栅格，是光栅栅距二十分之一，这样就必须对光栅信号进行细分处理。传统的细分方法是用硬件电路来实现，随着细分数的增加，所需元器件大幅度增加，工艺也越复杂，这对于缩小仪器体积、降低功耗、提高系统可靠性都不利。随着计算机技术的发展，采用软件细分技术，能在尽可能小的误差范围内实现对莫尔条纹的高倍数字化细分。

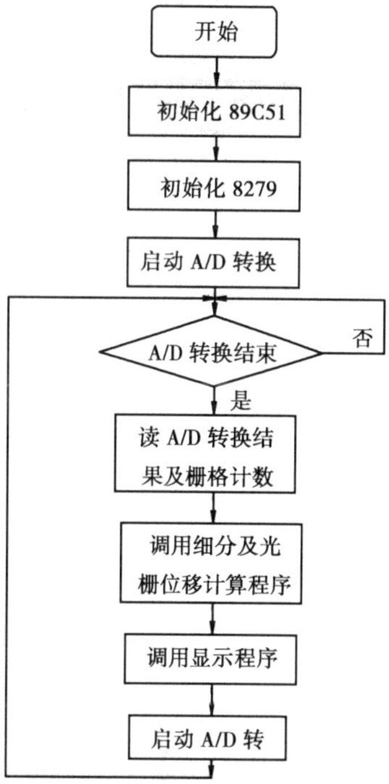

图6.17　光栅位移显示仪主程序流程图

经差动放大后的正弦信号 V_{sin} 和余弦信号 V_{cos}，通过 A/D 转换成数字量后，由 CPU 读入后进行细分。在一个栅格内完成 S 细分（细分总数为 S）就是将莫尔条纹一个周期（2π）等分成 S 份。根据求出的相位角中（$0 \leqslant \phi \leqslant 2\pi$）判断在哪个区间，从而得出细分数 K，K 乘以细分当量 L，即为光栅在两个栅格间的位移量 ΔS，即

$$\Delta S = KL$$

其中，$L = W/S$，W 为光栅栅距。

CPU 从 A/D 转换器采样得到正弦信号 V_{sin} 和余弦信号 V_{cos} 的数字量 V_s 和 V_c，依据极性及绝对值大小判别区间，即可实现八细分，如表 6.1 所示。

表 6.1　信号细分表

区间	ϕ	V_S	V_C	$\lvert V_S \rvert - \lvert V_c \rvert$
1	0° ~ 45°	+	+	−
2	45° ~ 90°	+	+	+
3	90° ~ 135°	+	0	+
4	135° ~ 180°	+	0	−
5	180° ~ 225°	−	0	−
6	225° ~ 270°	−	0	+
7	280° ~ 315°	−	+	+
8	315° ~ 360°	−	+	−

八细分后，光栅的分辨率有所提高。对于栅距是 0.02 mm 的光栅，其分辨率达到 2.5 μm。对于高精度的测量还需要进一步细分，再细分就是在八细分的基础上进行进一步细化。通过 $A\sin\phi$ 和 $A\cos\phi$ 的数字量 V_s 和 V_c 计算求得 $\tan\phi$ 或 $\mathrm{ctan}\,\phi$。

$$K = \begin{cases} \mathrm{INT}\left[\arctan\left(\dfrac{V_s}{V_c}\right) + 0.5\right] \\ \dfrac{S}{4} - \mathrm{INT}\left[\arctan\left(\dfrac{V_c}{V_s}\right) + 0.5\right] \\ \dfrac{S}{4} + \mathrm{INT}\left[\arctan\left(\dfrac{V_s}{V_c}\right) + 0.5\right] \\ \dfrac{S}{2} - \mathrm{INT}\left[\arctan\left(\left|\dfrac{V_c}{V_s}\right|\right) + 0.5\right] \\ \dfrac{S}{2} + \mathrm{INT}\left[\arctan\left(\dfrac{V_s}{V_c}\right) + 0.5\right] \\ \dfrac{3}{4}S - \mathrm{INT}\left[\arctan\left(\dfrac{V_c}{V_s}\right) + 0.5\right] \\ \dfrac{3}{4}s + \mathrm{INT}\left[\arctan\left(\left|\dfrac{V_s}{V_c}\right|\right) + 0.5\right] \\ S - \mathrm{INT}\left[\arctan\left(\left|\dfrac{V_c}{V_s}\right|\right) + 0.5\right] \end{cases}$$

单片机的计算能力较弱，arctan 反正切函数的计算采用查表的方法实现，细分程序的流程图如图 6.18 所示。

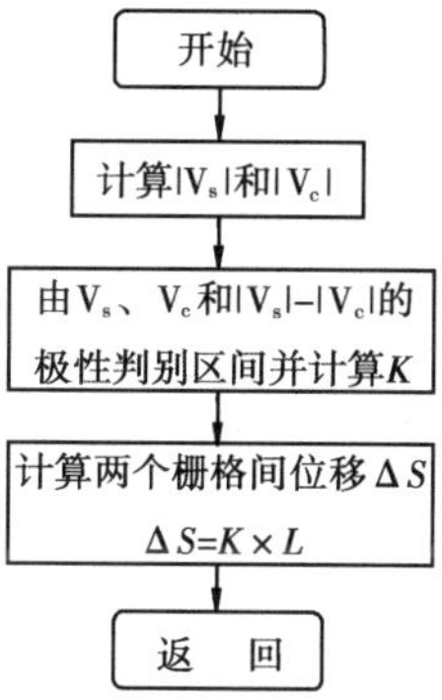

图 6.18　细分程序流程图

参考文献

[1] 尚振东,张勇.智能仪器工程设计[M].西安:西安电子科技大学出版社,2008.

[2] 凌志浩.智能仪表原理与设计技术[M].上海:华东理工大学出版社,2003.

[3] 丁天怀.测量控制与仪器仪表工程师[M].北京:清华大学出版社,2005.

[4] 曹玲芝.现代测试技术及虚拟仪器[M].北京:北京航空航天大学出版社,2004.

[5] 阮德生.自动测试技术与计算机仪器系统设计[M].西安:西安电子科技大学出版社,1997.

[6] 杨欣荣.现代测控技术与智能仪器[M].长沙:湖南科学技术出版社,2002.

[7] 赵新民.智能仪器原理及设计[M].哈尔滨:哈尔滨工业大学出版社,1995.

[8] 薛实福,李庆祥.精密仪器设计[M].北京:机械工业出版社,1990.

[9] 李庆祥,王冬生,李玉和.现代精密仪器设计[M].北京:清华大学出版社,2003.

[10] 刘君华.现代检测技术与测试系统设计[M].西安:西安交通大学出版社,1999.

[11] 李昌禧.智能仪表原理与设计[M].北京:化学工业出版社,2005.

[12] 张毅,张宝芬,曹丽,等.自动检测技术及仪表控制系统[M].北京:化学工业出版社,2005.

[13] 张宏建,蒙建波.自动检测技术与装置[M].北京:化学工业出版社,2004.

[14] 陈非凡.仪器设计技术基础[M].北京:清华大学出版社,2007.

[15] 古天祥,王厚军,习友宝,等.电子测量原理[M].北京:机械工业出版社,2004.

[16] 陈杰,黄鸿.传感器与检测技术[M].北京:高等教育出版社,2002.

[17] 郭军.测试系统技术[M].西安:西安电子科技大学出版社,2006.

[18] 周明光,马海潮.计算机测试系统原理与应用[M].北京:电子工业出版社,2005.

[19] 浦昭邦,王宝光.测控仪器设计[M].北京:机械工业出版社,2001.

[20] 陈林才.精密仪器设计[M].北京:机械工业出版社,1991.

[21] 费业泰.误差理论与数据处理[M].北京:机械工业出版社,2004.

[22] 李金海.误差理论与测控不确定度评定[M].北京:中国计量出版社,2003.

[23] H. 瓦尔佛洛麦夫,B. E. 普斯托瓦洛夫著,祝绍箕,译. 光学机械仪器设计和计算[M]. 北京:机械工业出版社,1991.
[24] 张乃禄,徐竟天,薛朝妹. 安全检测技术[M]. 西安:西安电子科技大学出版社,2007.
[25] 何金田. 自动检测技术[M]. 西安:西安电子科技大学出版社,2006.
[26] 韩启纲. 智能化仪表原理与使用维修[M]. 北京:中国计量出版社,2002.
[27] 金锋. 智能仪器设计基础[M]. 北京:清华大学出版社,北京交通大学出版社,2005.
[28] 孙传友,孙晓斌,汉泽西,等. 测控仪器原理与设计[M]. 北京:北京航空航天大学出版社,2002.
[29] 蔡萍,赵辉. 现代检测技术与系统[M]. 北京:高等教育出版社,2002.
[30] 朱欣华,姚天忠,邹新丽. 智能仪器原理与设计[M]. 北京:中国计量出版社,2002.
[31] 赵茂泰. 智能仪器原理及应用[M]. 北京:电子工业出版社,1999.
[32] 李刚,林凌. 现代测控电路[M]. 北京:高等教育出版社,2004.
[33] 吕辉. 现代测控技术[M]. 西安:西安电子科技大学出版社,2006.
[34] 孙传友,孙晓斌,张一. 感测技术与系统设计[M]. 北京:科学出版社,2004.
[35] 李华. MCS-51 系列单片机实用接口技术[M]. 北京:北京航空航天大学出版社,2001.
[36] 王勤. 计算机控制技术[M]. 南京:东南大学出版社,2003.
[37] 席爱民. 计算机控制系统[M]. 北京:高等教育出版社,2004.
[38] 王化祥. 自动检测技术[M]. 北京:化学工业出版社,2004.
[39] 方彦军,孙健. 智能仪器技术及其应用[M]. 北京:化学工业出版社,2003.
[40] 张国雄,金篆芷. 测控电路[M]. 北京:机械工业出版社,2001.
[41] 赵会兵. 虚拟仪器技术规范与系统集成[M]. 北京:清华大学出版社,2003.
[42] 徐科军,陈荣保,张崇巍. 自动检测和仪表中的共性技术[M]. 北京:清华大学出版社,2000.